超時短 Photoshop

写真の色補正速攻アップ！

Adobe Photoshop CC 2018: Better brush organization /
Brush performance improvements / Access Lightroom Photos /
Brush stroke smoothing / Exclusive brushes from
Kyle T. Webster / Variable fonts / Quick Share menu /
Curvature Pen tool / Path improvements /
Copy and paste layers / Enhanced tooltips /
360 panorama workflow / Properties panel improvements /
Support for Microsoft Dial / Paste as plain text /
Support for HEIF / Select and Mask improvements
Adobe Photoshop CC 2017: In-app search / Tighter integration
with Adobe XD / Ways to get started faster / Adobe Stock
templates and search / Enhanced Properties panel and so much more...

藤島 健 著

JN256514

技術評論社

ご購入・ご利用前に必ずお読みください

●本書記載の情報は、2017年10月27日現在のものになりますので、ご利用時には変更されている場合もあります。また、ソフトウェアはバージョンアップされる場合があり、本書での説明とは機能内容や画面図などが異なってしまうこともあり得ます。本書ご購入の前に必ずソフトウェアのバージョン番号をご確認ください。

● Photoshop については、執筆時の最新バージョンである CC 2017 に基づいて解説していますが、CC 2018 に対応していることを確認しております。

●本書に記載された内容は、情報の提供のみを目的としています。本書の運用については、必ずお客様自身の責任と判断によって行ってください。これらの情報の運用の結果について、技術評論社および著者はいかなる責任も負いかねます。また、本書の内容を超えた個別のトレーニングにあたるものについても、対応できかねます。あらかじめご承知おきください。

●サンプルファイルの利用は、必ずお客様自身の責任と判断によって行ってください。これらのファイルを使用した結果生じたいかなる直接的・間接的損害も、技術評論社、著者、プログラムの開発者、ファイルの制作に関わったすべての個人と企業は、一切その責任を負いかねます。

以上の注意事項をご承諾いただいた上で、本書をご利用願います。これらの注意事項をお読みいただかずに、お問い合わせいただいても、技術評論社および著者は対処しかねます。あらかじめ、ご承知おきください。

本文中に記載されている製品の名称は、一般にすべて関係各社の商標または登録商標です。

はじめに

Photoshop はさまざまなグラフィック作成に重用されていますが、元々はフォトレタッチを行なうことを目的に開発されたソフトウェアです。最初のバージョンから27年を経て、フォトレタッチを行なう上でよほどのことがない限り不可能はないといっても過言ではない程に進化してきました。とくにPhotoshop 本来の用途である写真のレタッチに関しては言わずもがなです。しかし高機能であるがゆえに、どのような手順で作業したら効率よく結果が求められるか迷ってしまうこともあるでしょう。
本書では写真の色調補正に的を絞り、補正が必要となる状況を想定して、それぞれの状況で効率よく結果を求めることができるように作業工程を紹介しています。とはいえ、開発者でもすべての機能を把握できていないといわれるほど高機能な Photoshopなので、筆者が把握できていない便利な工程、掲載している工程よりも効率がいい方法が見つかる可能性もありますが、色調補正作業の効率アップのための参考となれば幸いです

2017年10月

藤島 健

レタッチを行なう際の推奨環境

[モニタの色再現性を正確にしておくことが重要]

周辺環境に注意が必要

レタッチ作業では写真の色や明るさを調整することになりますが、そうした作業を行なう際には作業スペースの環境にも気を配りましょう。まず、モニタにはフードを取りつけるようにして、周囲の光源の光が当たらないようにします。これによって常に一定の光の状態でモニタを見ることができるようになります。

当然モニタの設置場所にも注意が必要です。作業するときに背後に窓がくるような場所に設置してしまうと、日中には外の明るい光が入り込んで色が浅く見えてしまい、暗くなってからは逆に明るく見えすぎてしまうという不安定な状況になってしまうので避けなければいけません。明るさや発色を安定させるためには、最低限この2つはなんとかしたいところです。

モニタに取り付けるフードは、専用品が用意されているモニタもありますが、段ボールなどの軽くて工作しやすい材料を使って自作することもできます。その際には黒い素材を使うようにしましょう。写真はEIZOのモニタに用意されている専用フードです。自作の場合はこの形状をまねて作るといいでしょう。

モニタの色再現に注意

レタッチを行なう際に気にしなければならないのは、モニタが正確な色再現をしているかということです。自分の環境だけで見たり、所有するプリンターで出力するだけなら気にする必要はありませんが、仕事としてレタッチを行ない、印刷データとして使用したり、Web上で商品写真などで使用する場合には、色再現に注意する必要があります。

モニタの表示は、一般的に事務作業に合わせてあるので、かなり青が強い発色になっています。そこで、レタッチ作業をする環境ではできるだけ正確な色再現ができるように、モニタのキャリブレーションを行なうようにしましょう。そのためにはある程度のクラスのモニタを用意したいところです。

本格的に写真のレタッチを仕事として毎日のように行なうのであれば、色再現性に優れたモニタがおすすめ。後述するキャリブレーション機能を搭載している製品もあります。写真のEIZO ColorEdge CS230はエントリークラスの製品で、専用のキャリブレーションセンサーが付属するモデルも用意されています。

モニタのキャリブレーション

モニタのカラーキャリブレーションを行なうと、正確な色で写真を見ることができるようになるので、色の補正などが正しく行なえるようになります。メーカー初期設定の青が強いままのモニタで補正を行なうと、印刷データとして印刷所に渡したときに、青味が少ない、黄色の強い写真になって印刷されてしまいます。こうしたトラブルを避けるためにも、モニタキャリブレーションを行なっておきたいものです。

Webでの表示になると、相手のモニタの表示状態はコントロールできないので難しい問題になってきますが、最近のWebブラウザはカラープロファイルを使用した表示に対応しているので、こちらが正確な色で写真データを作ってプロファイルを埋め込んでいれば、大きく違う色にはならないでしょう。

モニタのキャリブレーションは手動で行なうこともできますが、専用のツールを使うことで簡単に行なうことができます。モニタは使用していると経年劣化で色表示も徐々に変わってくるので、定期的にキャリブレーションを行なう必要があります。毎回手動で行なうのは現実的ではないので、専用ツールを導入するといいでしょう。

datacolor社のSpyder5シリーズは用途に合わせて3シリーズがラインナップされています。レタッチする写真を使うのがWebだけであればSpyder5EXPRESSを、印刷原稿を制作するならSpyder5PROを選ぶといいでしょう。

モニタキャリブレーションツールはいくつかのメーカーからでています。写真はX-rite社のi1 Display Proです。

より正確な色再現を求めるならカラーマネージメントを

ここから先は難しい話になってしまうので内容については触れませんが、より正確に色再現性を追求する場合は、モニタ、Photoshop、出力する機器（カラープリンタ、印刷機など）を含めてカラーマネージメントを行なう必要があります。興味がある方はカラーマネージメントについて書かれている書籍を読んでみるといいでしょう。

『改訂新版 写真の色補正・加工に強くなる〜Photoshopレタッチ&カラーマネージメント101の知識と技』上原ゼンジ著・庄司正幸監修（技術評論社）はPhotoshopによる写真のレタッチと同時にカラーマネージメントについても解説しており、カラースペースやプロファイルといった色再現に不可欠な知識が得られます。

キー表記について

本書では Mac を使って解説をしています。掲載した Photoshop の画面とショートカットキーの表記は macOS のものになりますが、Windows でも（小さな差異はあっても）同様ですので問題なく利用することができます。ショートカットで用いる機能キーについては、Mac と Windows は以下のように対応しています。本書でキー操作の表記が出てきたときは、Windows では次のとおり読み替えて利用してください。

Mac		Windows
⌘ (command)	=	Ctrl
Option	=	Alt
Return	=	Enter
Control ＋クリック	=	右クリック

なお掲載した画面は、［環境設定］（⌘＋K）の［インターフェイス］にある［アピアランス］で［カラーテーマ］を右から2番目のワークエリアの明るさに設定しており、初期設定の明るさとは異なります。

Contents

Part 3 Camera Rawフィルターでの調整
109

作例写真について

本書で使用している作例ファイルはサンプルとして利用できるようになっています（人物の写真は除きます）。弊社ウェブサイトからダウンロードできますので、以下のURL から本書のサポートページを表示してダウンロードしてください。その際、下記のIDとパスワードの入力が必要になります。

http://gihyo.jp/book/2017/978-4-7741-9399-1/support

[ID] jitanps　　　　[Password] color

ダウンロードした写真は著作権法によって保護されており、本書の購入者が本書学習の目的にのみ利用することを許諾します。それ以外の目的に利用すること、二次配布することは固く禁じます。また購入者以外の利用は許諾しません。不正な利用が明らかになった場合は対価が生じますことをご承知おきください。

ダウンロードしたファイル以外の写真の提供のご要望には一切応じられませんのでご承知おきください。任意のサービスですのでファイルの取得から利用までご自身で解決していただき、ダウンロードに関するお問い合わせはご遠慮ください。

(Part)

色調補正の
基本操作

Tip
01

いつでもやりなおしがきく修正の進め方

↓

レイヤー、調整レイヤー、ヒストリーなどの機能を有効活用する

⌘+Ｚキーでの後戻りは限りがある

Photoshop でのレタッチ作業では、とくに細かい部分の修正などでうまくいかずにやりなおしが必要になることがあります。間違いにすぐ気がつけば ⌘ + Ｚ キーでひとつ前に戻る（アンドゥ）ということができます。アンドゥ可能な回数は ⌘ + Ｋ キーで表示される［環境設定］の［ヒストリー数］で設定できるので、ある程度までは元に戻ってやり直すことができます。

しかし、ブラシツールを使用しているときなどは気がつくと設定してある回数をすぎてしまっていることもあり、完全に戻せなくなってしまうことがあります。そうしたときのために他にも対処方法を覚えておきましょう。

［環境設定］メニューで開かれる環境設定ダイアログボックス。その中にある［パフォーマンス］❶の［ヒストリー数］❷でアンドゥできる回数を設定することができます。あまり大きな数字に設定すると使用メモリが増えて全体のパフォーマンスが落ちるので、むやみに大きな数字にすることは避けましょう。

レタッチする画像をレイヤーとして複製する

一番簡単なのは、これから手を加える画像をレイヤーとして複製して、そのレイヤーに手を入れていく方法です。オリジナルの画像が残っているので、いつでも最初からやり直すことができます。ただし、途中までの作業はすべて失われるので、あくまで最後の手段として考え、この後で説明する途中経過を失わないための方法を活用しましょう。

1 レイヤーとして画像を複製するには、レイヤーパネルで「背景」を[新規レイヤーを作成]ボタンにドラッグ&ドロップします。

2 「背景のコピー」というレイヤーが作られるので、このレイヤーを使って作業していけば最悪の場合でもこのレイヤーを捨てることで最初の状態からやり直すことができます❶。バックアップとする「背景」は目のアイコンをクリックして❷非表示にしておいてもいいでしょう。

調整レイヤーを使用する

色調補正などを行なう際は、メニューコマンドを使用するのではなく、「調整レイヤー」を使用しましょう。補正前の状態に戻したくなったら、その調整レイヤーを削除するだけです。実際は、属性パネルで何度でも調整し直すことができるので、納得のいく状態になるまで微調整を加えていくことができます。また、レイヤーマスクで補正を加えたくない箇所を簡単にマスクできるので、非常に便利です。メリットが多いので調整レイヤーをどんどん活用しましょう。

1 [レイヤー]メニュー→[新規調整レイヤー]❶のサブメニューから行ないたい補正方法を選んで調整レイヤーを作成します❷。

2 調整レイヤーでの補正は属性パネルで行ないます。作成した調整レイヤーに合わせてパラメータの内容が表示されるので、スライダーなどを操作して調整しましょう。

ヒストリーパネルでスナップショットを残しておく

ヒストリーパネルは作業工程を1ステップごとに記録しています。記録する工程数は環境設定で設定した数値までです。任意の途中経過までクリック一発で戻ることができて便利です。また「スナップショット」という機能が用意されていて、作業の大切なところでスナップショットをとっておくと、ワンクリックでその時点まで戻すことができます。複数の工程が必要なレタッチを行なうときには、工程ごとにわかりやすい名前をつけてスナップショットをとっておくと便利でしょう。なお、ファイルを閉じるとヒストリーとスナップショットは削除されます。

1 ヒストリーパネル。図のようにひとつひとつの工程が記録されているので任意の工程まで戻ることができます。

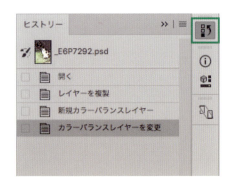

2 カメラのアイコンが［新規スナップショットを作成］ボタンです❶。ボタンを押すとスナップショットはヒストリーパネルの上部に保存されていくので❷、名前をダブルクリックして「マスク制作完了」、「フィルター」などわかりやすい名前をつけて保存しておくと、作業をやりなおしたい工程まで簡単に戻ることができます。

［別名で保存］で工程を保存

究極の失敗対策は、各工程ごとにわかりやすい名前を付けて保存しておくことでしょう。適宜［別名で保存］を実行してわかりやすいファイル名を付けて保存します。

別名で保存する場合は「ファイル」メニュー→［別名で保存］で行ないます。また、ヒストリーパネルの［現在のヒストリー画像から新規ファイルを作成］ボタンを押すと、新たな別ファイルとして以降のレタッチ作業を続けることができます。

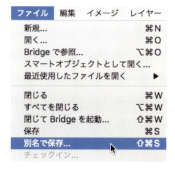

［現在のヒストリー画像から新規ファイルを作成］

(Point)

Photoshopでの作業効率をアップする方法のひとつに、キーボードショートカットがあります。メニューの右側に書かれているのがそのショートカットキーです。ぜひ覚えて活用しましょう。［編集］メニューにある［キーボードショートカット］では、初期設定でつけられているショートカットを変更したり、ショートカットがないコマンドに新たにショートカットをつけることができます。

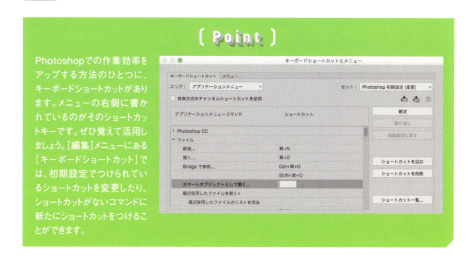

調整レイヤーをすばやく作成する

[色調補正パネルまたはレイヤーパネルから作成する]

色調補正において調整レイヤーは多用するので、少しでもすばやくレイヤーを作成できるようになるとそのぶん時短につながります。そのために色調補正パネルがあり、レイヤーパネルには色調補正の調整レイヤーのショートカットが用意されています。そこから呼び出すようにすると階層の深いメニューをマウスでたどる手間が省け、時短につながります。

1 色調補正パネルは、16個のアイコンが3段に配置されており、目的のアイコンを押すだけですぐにその調整レイヤーが作成されます。

❶明るさ・コントラスト　❷レベル補正　❸トーンカーブ
❹露光量　❺自然な彩度

❻色相・彩度　❼カラーバランス　❽白黒　❾レンズフィルター　❿チャンネルミキサー　⓫カラールックアップ

⓬階調の反転　⓭ポスタリゼーション　⓮2階調化
⓯グラデーションマップ　⓰特定色域の選択

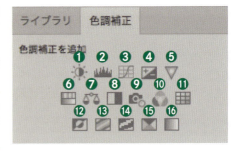

2 レイヤーパネルの下部に並んでいるショートカットには［塗りつぶしまたは調整レイヤーを新規作成］❶というアイコンがあり、ここをクリックするだけで各調整レイヤーの名前がポップアップするのですばやく調整レイヤーを作ることができます❷。本書はこの方法で作成していきます。

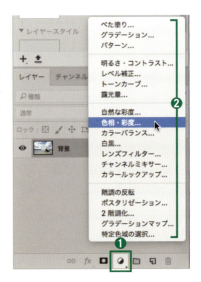

3 調整レイヤーが作成されると ❶、自動的に属性パネルが表示されて ❷、色調補正作業にすぐに取りかかれます。

4 調整レイヤーは重ねて使用することができます。同じ内容の調整レイヤーでも、別の調整レイヤーでも自由に追加できます。必要なだけ調整レイヤーを作成して作業を進めましょう。

[Point]

[シャドウ・ハイライト][HDRトーン][彩度を下げる][カラーの適用][色の置き換え][平均化（イコライズ）]の6項目は調整レイヤーにはありません。これらを利用する場合は[イメージ]メニューからたどって選択する必要があります。

17

調整レイヤーの効果を直下のレイヤーに限定する

↓

[レイヤー境界を Option +クリックで クリッピングマスクに]

複数のレイヤーがある画像で、調整レイヤーによる補正を直下のレイヤーだけに適用したいときは［クリッピングマスク］にします。クリッピングマスク機能は直下にある画像レイヤーの透明部分をマスクとして使用します。調整レイヤーを選択して［レイヤー］メニュー→［クリッピングマスクを作成］（ショートカットキーは ⌘ + Option + G ）か、レイヤーパネルで上下に並んだレイヤー間を Option クリックすることで簡単に適用できます。

1 空の画像に、切り抜き状態のヒマワリの画像がレイヤーで重なっています。空の色になじませるように、ひまわりを明るく調整したい状況です。

2 ［明るさ・コントラスト］の調整レイヤーを作成して、属性パネルで［明るさ］を右に動かして明るくします。効果は全体におよぶので空の画像も明るくなります。

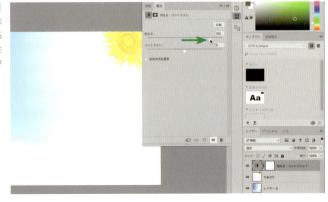

③ 「明るさ・コントラスト1」レイヤーと「ひまわり」レイヤーの間にカーソルを移動して、Option キーを押すとカーソルが図のように変化しますので、この状態でクリックします。

④ クリッピングマスクが作成されて、「明るさ・コントラスト1」による補正は直下の「ひまわり」レイヤーだけに適用されるようになりました。クリップされた上のレイヤーは右にインデントされ、左側にクリップを示す矢印が表示されます①。クリップ先のレイヤーの名前には下線がつきます②。

⑤ 「ひまわり」レイヤーを移動しても、クリップした調整レイヤーの効果はそのままです。

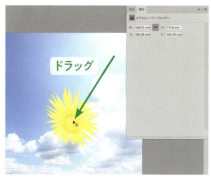

⑥ 1つのレイヤーにいくつも調整レイヤーをクリップでき、複数の色調補正を適用できます。

フィルターの適用を様子を見ながら調整したい

↓

スマートオブジェクト機能を使えば
何度でもやり直せる

Photoshopの魅力のひとつは多彩なフィルターですが、フィルター実行後に効果を調整・破棄したいことがあります。そこで便利なのが[スマートオブジェクト]機能で、画像のオリジナルに変更を加えずにさまざまな補正ができます。何度やり直しても画質が劣化しませんので、拡大・縮小を行なう場合やフィルターによる補正を行なうときには、画像をスマートオブジェクトに変換してから作業を始めましょう。ただし、スマートオブジェクトには実行できないメニューコマンドやフィルターがいくつかあるので注意が必要です。

1 レイヤーをスマートオブジェクトに変換するコマンドは、[レイヤー]メニュー→[スマートオブジェクト]→[スマートオブジェクトに変換]ですが、メニューをたどるのは手間なので、レイヤーパネルで目的のレイヤーを Control +クリック（右クリック）して❶、表示されるコンテキストメニューから[スマートオブジェクトに変換]を選択する❷といいでしょう。

2 スマートオブジェクトに変換されると、レイヤーサムネールの右下に図のようなアイコンが追加されます。「背景」の場合は「レイヤー0」に変わります。

3 通常と同じように[フィルター]メニューからフィルターを実行します（ここでは[ゆがみ]を適用）。レイヤーパネルでスマートオブジェクトの下に「スマートフィルター」と表示され、その下にフィルター名が並びます。複数のフィルターを使うことも可能です。

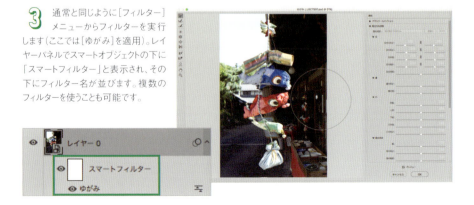

4 「スマートフィルター」あるいは「フィルター名」（ここでは「ゆがみ」）の左にある目のアイコンをクリックするとフィルター効果のあり／なしを切り替えて確認することができます。

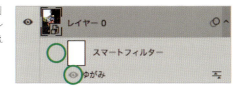

5 ［フィルター名］をダブルクリックすると、そのフィルターがアクティブになり、最後の調整状態から再度調整を行なうことができます。この調整は何度行なっても画質が劣化することはありません。

6 フィルターの効果が不要だと思ったら、適用したフィルター名をレイヤーパネルのゴミ箱アイコンにドラッグ&ドロップするだけで簡単に取り消せます。

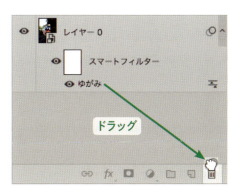

7 残念ながらスマートオブジェクトには実行できないフィルターが一部あります。その場合メニューがグレー表示されます。そのフィルターを使いたい場合は、再度レイヤーをラスタライズして通常の画像に戻す必要があります（［Control］+クリック（右クリック）→［レイヤーをラスタライズ］）。それ以前の画像の変更は確定しますので、組み合わせて使用する場合にはフィルターを実行する順序を考慮する必要があります。

厳密な選択範囲をすばやく作成するには

［選択とマスク］で細かいところも自動選択

部分的な補正を行ないたいときに選択範囲の作成は必須です。選択範囲をどれだけ高い精度で作ることができるかが、仕上がりのクオリティに大きな影響を与えるので、できるだけ精密な選択範囲を作りたいものです。Photoshop には自動選択を行なうためのツールが用意されていますが、それだけですべてうまく選択できるわけではありません。最大の難関は、複雑な形状の選択です。そこで、ある程度選択範囲を作成したあとにブラッシュアップを行なうための機能が［選択とマスク］です。髪の毛やけば立ちなどの細かくて選択しにくい部分を高い精度で選択できます。選択範囲作成時の最終チェックに利用するといいでしょう。

1 ［クイック選択ツール］などの自動選択ツールは便利ですが、この写真の花のシベのように、複雑な形状の部分を選択するのは得意ではありません。そこで、ある程度選択範囲ができたら［選択とマスク］で修正していきます。

2 ［選択範囲］メニュー→［選択とマスク］を選択すると図のような選択とマスクワークスペースが開きます。

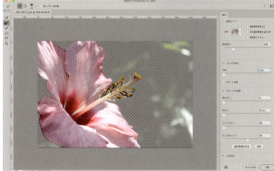

③ 属性パネルの[エッジの検出]で[スマート半径]にチェックを入れ
ると境界の調整領域が柔軟になり、花弁の縁部分の選択具合
がより正確になります。

④ [境界線調整ブラシツール]を選択して花弁の縁にブラシをかけ、
境界とする範囲を明示していくとさらに精度が上がります。

 [境界線調整ブラシツール]

⑤ シベの部分にブラシをかけていくと、境界部分をPhotoshopが自動的に検知して選択範囲が作られていきま
す。背景をよけてブラシをかける必要がないので簡単です。

Part 1 色調補正の基本操作

Part 2

Part 3

属性

表示モード

表示：　　　　□ 境界線を表示 (J)
　　　　　　　□ 元の選択範囲を表示 (P)
　　　　　　　□ 高品質プレビュー

透明部分：　　　　　　　　　　20%

∨ エッジの検出

半径：　　　　　　　　　　9 px

☑ スマート半径

6 細かい箇所の選択では画像を拡大表示して作業すると便利です。最後に必要に応じて[グローバル調整]の各パラメータを操作して、さらに精度を高められます。ここでは[コントラスト]を高めて❶若干薄かったシベの部分の選択度合いを高め、それに応じて硬くなった花弁などの境界部分のぼけを柔らかくするために[ぼかし]を設定しました❷。

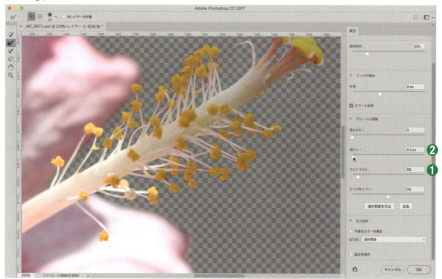

7 最後に出力先を設定して[OK]をクリックします。[出力先]は用途に合わせて適したものを選びます。選択範囲として使用するなら[選択範囲]で構いませんが、きちんと選択しきれていない箇所を修正する可能性がある場合は[レイヤーマスク]を、背景画像を残しておきたいなら[新規レイヤー(レイヤーマスクあり)]を選択するといいでしょう。

8 [新規レイヤー(レイヤーマスクあり)]を選択すると、選択範囲がレイヤーマスクとなったレイヤーが追加されます(ここでは「背景のコピー」)❶。単色で塗りつぶした背景を作ると❷選択の状況がよくわかるので、必要ならレイヤーマスクに修正を加えます。レイヤーマスクを選択範囲にするには、レイヤーパネルのレイヤーマスクサムネール❸を⌘+クリックするだけです。

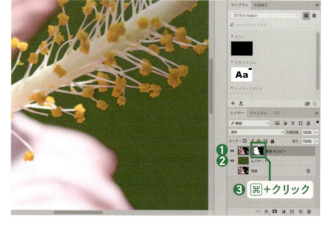

2

すぐできる色調補正の実践

Tip 06

露出アンダーの写真を明るくする

↓

[露光量]で調整可能

運悪く露出アンダーになってしまった場合でも、明るさを調整していけば意図した明るさにすることができます。

Before

1 本来日中の明るい時間での撮影ですが、夕方のようになってしまっているので露出を調整します。レイヤーパネルの[塗りつぶしまたは調整レイヤーを新規作成]❶から[露光量]❷を選択します。

2 属性パネルの[露光量]スライダーを右に操作して明るくします。リアルタイムに明るさが変わるので、確認しながら望む明るさになるように設定しましょう。

3 若干コントラストが強く感じたので、[ガンマ]を左に操作してコントラストを少し下げました。

属性	>>
露光量	
プリセット： カスタム	✓
露光量：	+3.10
オフセット：	0.0000
ガンマ：	1.00

属性	>>
露光量	
プリセット： カスタム	✓
露光量：	+3.10
オフセット：	0.0000
ガンマ：	1.11

4 光が当たっている葉や草が明るすぎるので部分的に効果を調整します。「露光量1」のレイヤーマスクが選択されていることを確認して、ツールパネルで[ブラシツール]を選択します。

5 オプションバーにあるブラシプリセットピッカーを押して❶、[直径]を明るい葉や草部分だけをカバーする大きさにして(ここでは175px)❷、[硬さ]を0%に設定します❸。[不透明度]を10%程度に設定します❹。

6 描画色は黒にして、明るすぎるところにブラシをかけて調整レイヤーをマスクします。一回ではまだ明るいと思う場合は、同じところにブラシをかけるとマスクが濃くなって[露光量]の効果が少なくなるので、明るさを抑えることができます。

After

露出オーバーの写真をできるだけ救う

↓

[[露光量]か レイヤー複製で[描画モード]を[乗算]で重ねる]

露出オーバーの場合は前項の [露光量] のほか、レイヤーを重ねて救済することができます。あまり明るすぎると救えませんので撮影時に注意しましょう。

Before

[露光量]を使った調整

1 レイヤー パネル の [塗りつぶし または調整レイヤーを新規作成]❶から[露光量]❷を選択します。

2 露出オーバーで全体が白っぽく感じるので、属性パネルの[ガンマ]を右に操作して全体のコントラストを調整しながら明るさを落とします。リアルタイムに明るさが変わるので、確認しながら望みの明るさになるように設定しましょう。

3 [オフセット]を左に操作して全体の明るさを微調整します。少し全体の明るさを落としてやることで、窓枠付近のハイライトに少しディテールが感じられるようになります。

レイヤーを使った露出補正

1 レイヤーパネルの「背景」を[新規レイヤーを作成]にドラッグ&ドロップして複製します。

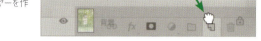

2 「背景のコピー」レイヤーの[描画モード]で[乗算]を選択します。全体に明るさが抑えられます。

3 まだ明るいようなので、「背景のコピー」レイヤーを[新規レイヤーを作成]にドラッグ&ドロップして複製します。さらに明るさが抑えられました。

4 若干コントラストが強く感じるので微調整を加えます。ツールパネルの[塗りつぶしまたは調整レイヤーを新規作成]❶から[トーンカーブ]❷を選択します

5 中間調部分は変化させる必要がないので、属性パネルに表示されているトーンカーブの中間部分をクリックしてポイントを作り、固定します。

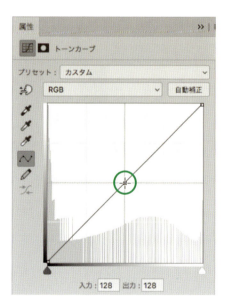

6 左上にある[直接操作]アイコンをクリックして❶、画像内の明るくしたい部分で上方向にドラッグして❷シャドウ部を明るくします。同様に明るさを落としたいハイライト部では下方向にドラッグして❸コントラストを弱めました。

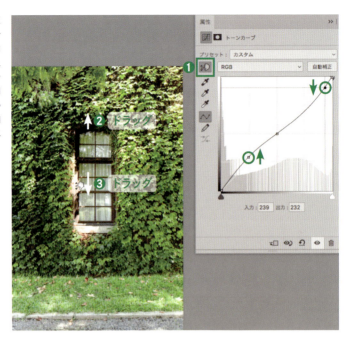

After

Tip 08

コントラストを強める・弱める

↓

[[明るさ・コントラスト] [露光量] [レベル補正]
[トーンカーブ] の順に繊細に調整できる]

コントラストを調整したいときは何通りかの方法が利用可能です。元の写真によって変わるので、試してみて最適な方法を見つけるといいでしょう。

Before

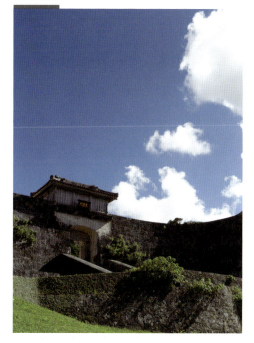

[明るさ・コントラスト]での調整

Photoshopでもっとも簡単な方法です。

1　レイヤーパネルの[塗りつぶしまたは調整レイヤーを新規作成]❶から[明るさ・コントラスト]❷を選択します。

2　[コントラスト]を左に操作すると弱く、右に操作すると強くすることができます。最大にすると、元画像と比べるとかなりコントラストがついたことがわかります。

コントラスト：　　　　　　　　　　100

[露光量]で調整

[露光量]では[明るさ・コントラスト]よりも幅広い調整を行なうことができるので、調整の幅が足りなかったときに試してみるといいでしょう。

1. レイヤーパネルの[塗りつぶしまたは調整レイヤーを新規作成]❶から[露光量]❷を選択します。

2. [ガンマ]を操作して調整します。左に操作するとコントラストを弱く、右に操作するとコントラストを強くすることができます。

[レベル補正]で調整

[レベル補正]では画像全体の明暗のピクセル分布を見ながらダイナミックレンジを調整することができます。

1. レイヤーパネルの[塗りつぶしまたは調整レイヤーを新規作成]❶から[レベル補正]❷を選択します。

2 コントラストを上げる場合は[プリセット]に3種類用意されているのでそこから選択します。

3 それでも足りなければ、ヒストグラム下の▲△を内側に操作してさらにコントラストを上げることができます❶。コントラストを下げたいときには、[出力レベル]のスライダーにある▲△を内側に操作します❷。

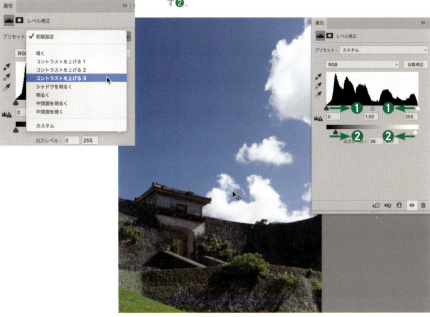

[トーンカーブ] で調整

[トーンカーブ] の最大の特徴は、コントロールポイントを自由に設定できるので、明るさを変化させたくないところを自分で設定して調整できることです。

1 レイヤーパネルの[塗りつぶしまたは調整レイヤーを新規作成]❶から[トーンカーブ]❷を選択します。

2 コントラストを強くする場合、プリセットにコントラストを強くする設定が2種類あるので、それを選択してそこから調整していくといいでしょう。

3 コントラストを強く調整したトーンカーブの状態
です。S字カーブを描くようにします。

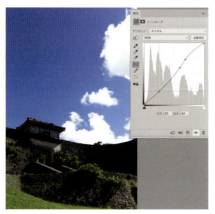

4 コントラストを弱めたい場合は、逆S字になるよ
うなトーンカーブにします。

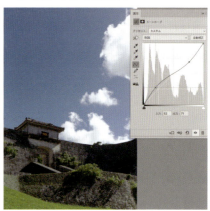

5 コントロールポイントは複数作れるの
で、変化させたい部分の前後にもコン
トロールポイントを作り、周囲への影響をできる
だけ抑えて調整できます。ここでは中間調はそ
のままにして強い明暗の差をやわらげました。

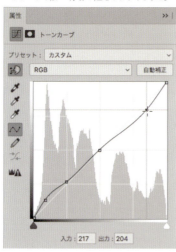

After

影の部分を明るくする

↓

［シャドウ・ハイライト］を使うか
複製レイヤーを［スクリーン］にして重ねてマスクする

［シャドウ・ハイライト］でシャドウを明るく

暗い部分だけ明るくしたいこともあります。［シャドウ・ハイライト］ならシャドウ側のみ、ハイライト側のみの明るさを手軽に調整することが可能です。

Before

1　石窟の中が暗いのでここを明るくするために、［イメージ］メニュー→［色調補正］→［シャドウ・ハイライト］を選択します。

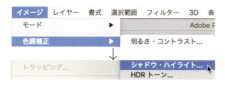

2　初期設定は逆光で暗くなってしまっている被写体を補正する場合に合わせてあります（シャドウ: 35%）。石窟の中に十分効果が出ていますが、石壁部分にも影響が出て全体的に明るくなってしまいました。

3 左下の[詳細オプションを表示]**❶**にチェックすると詳細な設定項目が表示されます。[シャドウ]の[階調]を左に操作して、効果を加える暗さの範囲を狭めていきます**❷**。石壁の明るさが元の状態に戻り、石窟内は十分明るくなっている状態にしました。

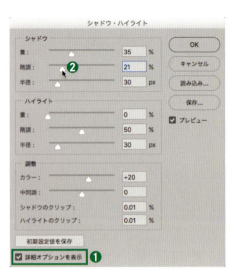

4 若干コントラストが弱く平板なので、さらに調整を加えます。[半径]を右に操作してやると効果が加わるピクセルの隣接領域が広がり、若干メリハリがつきました。

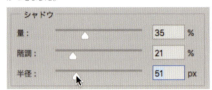

描画モードを[スクリーン]にした複製レイヤーを重ねる

複製レイヤーと描画モードを使っても暗い部分を明るくすることが可能です。この方法だと、複製レイヤーを破棄するだけで簡単に元に戻れるというメリットがあります。

1 レイヤーパネルの「背景」を[新規レイヤーを作成]にドラッグ&ドロップして複製します。

2 複製された「背景のコピー」に対して、レイヤーパネルの[描画モード]をクリックし、表示されたモードから[スクリーン]を選択します。これでいったん画像全体が明るくなります。

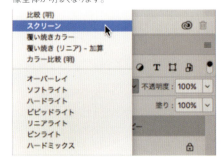

3 [レイヤー]メニュー→[レイヤーマスク]→[すべての領域を隠す]を選択して、複製したレイヤーに黒く塗りつぶされたレイヤーマスクを追加します。「背景のコピー」レイヤー全体が隠されて元の明るさに戻ります。

4 追加した黒いレイヤーマスクが選択されている状態で、明るくしたい部分だけを白く塗っていきます。ツールパネルで[ブラシツール]を選択し、描画色が白なのを確認します（レイヤーマスクの選択時は、初期設定の描画色は白になります）。

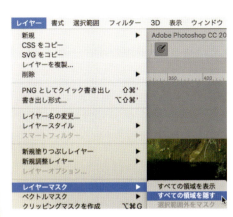

 [ブラシツール]

5 ブラシのサイズを石窟内が無理なく塗りつぶせる[直径]にして（ここでは125px）、[硬さ]を0%にして塗りつぶします。壁や地面との境界部分は多少おおざっぱでも気にならないので、正確に塗りつぶしていく必要はありません。

After

画像の赤かぶり（青かぶり）を補正する

［レンズフィルター］が最適

電球による照明は赤みがかった写真になってしまう場合があります。暖かみがあっていいのですが、ニュートラルな発色にしたいときには補正を行ないましょう。

Before

1 レイヤーパネルの［塗りつぶしまたは調整レイヤーを新規作成］❶から［レンズフィルター］❷を選択します。

2 初期設定では暖色系のフィルターが選択されているので変更します。属性パネルの［フィルター］プルダウンメニューをクリックして表示し、3種類ある［フィルター寒色系］のいずれかを選択します。

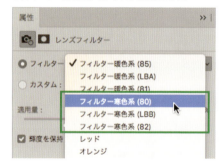

③ 試してみてこの画像では［フィルター寒色系（82）］を選択しました❶。［適用量］を操作して❷補正具合を調整します。画像を見ながら赤味が消えるように補正量を大きくします。

⑤ ［レンズフィルター］は、カスタムカラーでより細かく補正することもできます。［カスタム］の色の四角をクリックすると❶、カラーピッカーが表示されるので❷、ここで任意の色を選択してフィルターにすることができます。光源によってプリセットのフィルターでうまくいかないときは、ここでフィルターの色を設定しましょう。

④ 属性パネルの下部にある目のアイコンをクリックすると調整レイヤーの表示／非表示を切り替えられるので、元の状態と見比べながら最後の調整を行ないます。同様にして、画像から青味を除去したいときは暖色系のフィルターを使用します。

(Point)

調整レイヤーの効果を加減したいときはレイヤーパネルの［不透明度］を使って調整することができます。

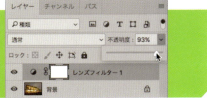

After

蛍光灯などの色かぶりを補正する

［レンズフィルター］を複数組み合わせるか ［Camera Rawフィルター］が便利

電球色の赤味などは［レンズフィルター］でかなりコントロールできますが、水銀灯や蛍光灯などの色かぶりではうまくいかない場合があります。そんなときのために［Camera Raw フィルター］に便利な機能が用意されています。

Before

［レンズフィルター］を複数使う

1 まずレンズフィルターで補正してみましょう。レイヤーパネルの［塗りつぶしまたは調整レイヤーを新規作成］❶から［レンズフィルター］❷を選択します。

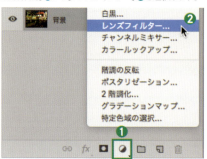

2 属性パネルの［フィルター］で［マゼンタ］を選択します。

3 ある程度グリーンかぶりは補正
されましたが、複数の蛍光灯の
色が混ざっているようで、補正しきれたと
はいえない状態です。フィルターの色を
変えてもどこかに色かぶりは残っていま
す。

4 車体を見ると黄色く見えるの
で1〜2を繰り返し［レンズフィ
ルター］を追加して、ブルー系の補正を
行ないます。ここでは［フィルター寒色系
（82）］を選択し、［適用量］36％にしま
した。これで車体の色かぶりが抑えられ
ました。

After

[Camera Rawフィルター]を使う

デジタルカメラのオートホワイトバランスのように、Photoshop が自動的に判断して複雑な色かぶりを補正してくれます

1 [フィルター]メニュー→[Camera Rawフィルター]でCamera Rawフィルターを呼び出します。

フィルター	3D	表示	ウィンドウ
Camera Raw フィルター			⌃⌘F
スマートフィルター用に変換			
フィルターギャラリー...			
広角補正...			⌥⇧⌘A
Camera Raw フィルター...			⇧⌘A
レンズ補正...			⇧⌘R

2 Camera Rawワークスペースが表示されますので、左上のツール一覧から[ホワイトバランスツール]を選択します。

 [ホワイトバランスツール]

3 画像の中の白やグレーになるべき箇所を探してクリックします。この写真の場合は照明に照らされた庇部分以外にも、ステンレスの車体などをクリックしてもきれいに補正されます。

[Point]
階調が残っている部分をクリックします。階調が飛んでしまっている部分をクリックしてもエラーになって動作しません。

After

Tip 12

肌の色を健康的にする

↓

[[スキントーン]で肌部分を選択して [特定色域の選択]で調整]

光源の状態でどうしても肌の色が不自然になってしまうことがあります。背景の色は変化させずに肌の色だけを補正すると、雰囲気を残したままで肌の色が健康的なポートレートにすることができます。

Before

肌の選択範囲を作成する

1. [選択範囲]メニュー→[色域指定]を選択します。

2. [選択]で[スキントーン]を選択します

3. 顔だけを選択するために、[顔を検出]をチェックします。

4 [許容量]を操作すると肌部分の選択を広げられることがあります。操作してもあまり変化がなければ調整はそこまでにして[OK]をクリックしましょう。選択範囲が作成されます。

5 選択範囲を修正するため、ツールパネルで[クイックマスクモードで編集]をクリックし、クイックマスクモードに入ります。

[クイックマスクモードで編集]

6 [ブラシツール]を選択し、[直径]を不要な部分が効率よく修正できる大きさ(ここでは300px)、[硬さ]は柔らかめの30%に設定します。これで選択範囲から除去したい部分を塗りつぶしていきます。肩の衣装部分などはブラシの[直径]を小さくして作業しましょう。

[ブラシツール]

7 Ⓧキーで[描画色と背景色を入れ替え]して、描画色を白にします。今度は肌で赤く塗りつぶされている部分にブラシをかけて白く塗っていきます。このようにブラシの[直径]や描画色／背景色を適宜切り替え、肌と肌以外を塗り分けていきます。髪の毛などはそこまで厳密にこだわる必要はありません。

8 首・肩も含め肌の選択作業が完了したら、ツールパネルの[画像描画モードで編集]をクリックして選択範囲に戻します。これで肌の部分だけが選択されました。

[画像描画モードで編集]

[特定色域の選択]で青味を抑える

1 レイヤーパネルの[塗りつぶしまたは調整レイ
ヤーを新規作成]❶から[特定色域の選択]❷
を選択します。選択範囲がマスクになった「特定色域
の選択1」レイヤーが作成されます。

2 属性パネルの[カラー]で[レッド系]が選択され
ていることを確認して❶、[シアン]をマイナス側
に操作します❷。

3 [カラー]で[イエロー系]を選択し❶、同様に[シ
アン]をマイナス側に操作します❷。これで肌の
色から青味が除去されました。

After

すぐできる色調補正の実践

Part 3

人物以外の色彩を鮮やかに

[[自然な彩度] がそのための機能]

ポートレートで色を鮮やかにしたい場合、人物の肌にまで影響が出て不自然になるのは避けたいものです。[自然な彩度]はそのためのコマンドです。

Before

1 レイヤーパネルの[塗りつぶしまたは調整レイヤーを新規作成]❶から[自然な彩度]❷を選択します。

2 属性パネルの[自然な彩度]を右に操作して彩度を高めます。

[Point]

[自然な彩度]は通常の[色相・彩度]による調整よりも効果が弱めになっているので、目一杯彩度を高くしてもあまり不自然になることはありませんが、やはり肌にも影響が出てきた場合は次ページのようにマスクを加えます。

3 ツールパネルで［ブラシツール］を選択します。顔の中に入る程度の大きさぶブラシの［直径］を設定し（ここでは200px）、［硬さ］はあまりぼけ足がつかない95％くらいに設定します。

 ［ブラシツール］

4 レイヤーパネルで「自然な彩度1」のレイヤーマスクが選択されていることを確認します。

5 描画色が黒になっていることを確認して、顔から首元にかけてブラシをかけ、マスクを作成します。ブラシの［直径］を小さくして、腕と手も同様にマスクします。

After

商品（衣類など）の色を変える

↓

[色域指定]で範囲選択し、[色相・彩度]で色を変更

商品の色を実際の色に近づける場合や、別のカラーの製品が手元になくて写真が撮れないような場面では、撮影後に色を変えるという対処法もあります。

Before

1 [選択範囲]メニュー→[色域指定]を選択します。

選択範囲 フィルター 3D 表

↓

色域指定...
焦点領域...

2 [色域指定]ダイアログボックスが表示されますので、シューズの色を変えたい部分（ここでは赤）をクリックすると、選択された色の部分だけが白く表示されます。次に[サンプルに追加]アイコンを選択し❶、完全に選択しきれていない箇所（薄いグレーが残っている部分）をクリックして選択範囲に追加していきます❷。

3 [許容量]を右に操作して数値を大きくし、さらに選択します。色替えが必要なところ以外は真っ黒になるように設定しましょう。調整できたら[OK]をクリックすると選択範囲が作成されます。

許容量：　　　　　　168

4 レイヤーパネルの[塗りつぶしまたは調整レイヤーを新規
作成]❶から[色相・彩度]❷を選択します。

5 属性パネルの[色相]を操作して色を変更します。この段
階で変更する選択範囲に含まれていなかった部分や、逆
に変更したくないのに変更された部分がわかるので、続いてマス
クを編集して修正していきます。

6 ツールパネルで[ブラシツール]を選択します。ブラシの
[直径]を小さめに設定し(ここでは30px)、[硬さ]を硬
めに設定して(ここでは90%)、描画色が白になっていることを確
認します。

[ブラシツール]

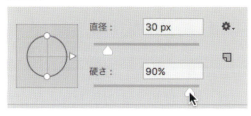

7 レイヤーパネルで「色相・彩度1」のレイヤーマスクサムネールが選択されていることを確認し、追加で色を変えたいところにブラシをかけていきます。細かいところは画像を拡大し、ブラシの[直径]をさらに小さくして作業しましょう。

8 メーカーロゴの赤い部分は色を変えてはいけないので、逆に黒で塗ってマスクします。X キーで[描画色と背景色を入れ替え]をして、描画色を黒に設定し、ブラシでロゴの赤い部分を塗りつぶします。

After

電球の暖かな色を強調する

［レンズフィルター］と［色相・彩度］で調整

イメージによっては電球のあの暖かい色をより強調したい場合もあります。できるだけ少ない工程で理想のイメージに仕上げていきましょう

Before

1　レイヤーパネルの［塗りつぶしまたは調整レイヤーを新規作成］❶から［レンズフィルター］❷を選択します。

2　色相をわかりやすくするため、属性パネルの［適用量］をいったん100%にしてしまいます。

3 [フィルター]プルダウンメニューを表示して、暖色系それぞれを試してみます。ここでは[フィルター暖色系(LBA)]に決定しました。

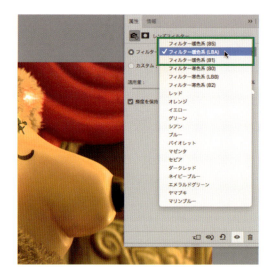

4 効果を適度に調整します。ここでは[適用量]を75%に変更します。

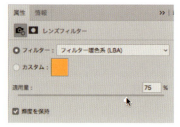

5 レイヤーパネルの[塗りつぶしまたは調整レイヤーを新規作成]❶から[色相・彩度]❷を選択します。

6 色の濃度を高めるため、属性パネルで[彩度]をプラス側に操作します。

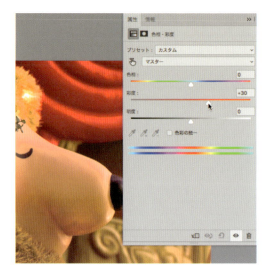

7 若干露出アンダーな印象になったので、[明度]をプラス側に操作して明るさを少し補正します。

8 背後の赤いカーテンの色が飽和しているので、ここは効果を抑えます。ツールパネルで[ブラシツール]を選択し、カーテン部分をマスクするのに適当な[直径]にし（ここでは100px）、[硬さ]を0%に設定してぼけ足をつけます。

[ブラシツール]

9 レイヤーパネルで「色相・彩度1」のレイヤーマスクサムネールが選択されていることを確認し、描画色を黒にしてカーテン部分にブラシをかけてマスクしていきます。ぼけ足をつけてあるので多少手前のオブジェにブラシがかかっても影響は出ません。

After

Tip 16

野菜・果物の色をより魅力的に

↓

[レイヤーマスクつきの[特定色域の選択]で 野菜・果物ごとに色を調整する]

野菜や果物をおいしそうに見せるには、それぞれの色を魅力的に見えるように補正することです。個々のマスクを適用した調整レイヤーを作って補正します。

Before

2　[フィルター]メニュー→[Camera Rawフィルター]を選択します。

Camera Rawフィルターで ホワイトバランス調整

最初に色かぶりや明るさなど画像全体の調整をしましょう。フィルターを使うのでスマートオブジェクトにします。

1　レイヤーパネルで「背景」を Control ＋クリック（右クリック）して❶、表示されるメニューから[スマートオブジェクトに変換]を選択します❷。

3　Camera Rawワークスペースが表示されます。左上の[ホワイトバランスツール]を選択します。

[ホワイトバランスツール]

4 影の部分をクリックして画像の赤味を除去します。

5 若干明るすぎるので「露光量」をわずかにマイナスに操作します。

[特定色域の選択]で色補正

野菜や果物ごとに調整レイヤーを作成して、個々に色を補正していきます。

1 レイヤーパネルの［塗りつぶしまたは調整レイヤーを新規作成］❶から［特定色域の選択］❷を選択します。

2 「特定色域の選択1」調整レイヤーが追加されますので、属性パネルの［カラー］で［グリーン系］を選択し❶、［シアン］❷と［イエロー］❸を+60%程度に操作してグリーンを鮮やかにします。

3 ツールパネルで[クイック選択ツール]を選択します。ブラシの[直径]を適宜調整して（ここでは60px）、レモンを選択します。

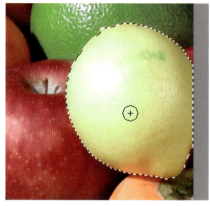

5 同様に[クイック選択ツール]で柿を選択し、レイヤーパネルの[塗りつぶしまたは調整レイヤーを新規作成]から[特定色域の選択]を選択して、「特定色域の選択3」調整レイヤーを作成します。

4 レイヤーパネルの[塗りつぶしまたは調整レイヤーを新規作成]から[特定色域の選択]を選択して、「特定色域の選択2」調整レイヤーを作成します。選択範囲がレイヤーマスクになりレモンだけに効果が適用されます。属性パネルの[カラー]で[イエロー系]を選択し❶、[シアン]を−25%❷、[マゼンタ]を＋40%❸、[イエロー]を＋90%❹程度に操作して、薄かった色をレモンらしいイエローにします。

6 属性パネルの[カラー]で[レッド系]を選択し❶、[シアン]を＋15%❷、[マゼンタ]を＋10%❸、[イエロー]を＋45%❹程度に操作してオレンジ色を濃くします。

7 オレンジ色のパプリカを選択して、同様に「特定色域の選択4」調整レイヤーを作成します。属性パネルの[カラー]で[レッド系]を選択し❶、[シアン]を−85%❷、[マゼンタ]を−10%❸、[イエロー]を+30%❹、[ブラック]を−20%❺程度に操作して、鮮やかで人工物的な発色を再現します。

8 リンゴを選択して、同様に「特定色域の選択5」調整レイヤーを作成します。属性パネルの[カラー]で[レッド系]を選択し❶、[シアン]を−30%❷、[マゼンタ]を+5%❸、[イエロー]を+25%❹程度に操作して、リンゴの赤さを整えます。

[Point]

果物がおいしそうに写っている写真を見かけたら資料として保存しておくと、比較しながら作業できます。何がどのような色で写っているかを参考にして色を補正するといいでしょう。

After

Tip 17

料理をより美味しそうに

↓

[レンズフィルター]で色かぶり、[トーンカーブ]で明るさ、[特定色域の選択]で色を補正

料理を美味しそうに撮るにはライティングやテクニックが必要ですが、条件が悪い写真でも明るさや色を補正して美味しそうに見せることができます。

刺身の色かぶりをとって新鮮な色に

Before

2 属性パネルの[フィルター]で寒色系のフィルターを選択します。試した結果この作例では[フィルター寒色系 (82)]を選択し ❶、[適用量]を12%に設定しました❷。

3 レイヤーパネルの[塗りつぶしまたは調整レイヤーを新規作成]❶から[トーンカーブ]❷を選択します。

1 電球と思われる色かぶりを補正してニュートラルな状態にします。レイヤーパネルの[塗りつぶしまたは調整レイヤーを新規作成]❶から[レンズフィルター]❷を選択します。

4 若干暗くなっている露出を補正し、コントラストをつけてメリハリを出します。属性パネルでトーンカーブを中間調から上げるS字カーブにします。

5 若干青みがかって見える魚の色を補正します。レイヤーパネルの［塗りつぶしまたは調整レイヤーを新規作成］❶から［特定色域の選択］❷を選択します。

6 属性パネルの［カラー］で［レッド系］を選択して❶、［シアン］を−11％❷、［マゼンタ］を+3％❸、［イエロー］❹と［ブラック］❺を+13％に操作すると、同時に飾りの赤味も濃くなり元の状態よりいい色になりました。肉や魚は青味を除くのが基本的な補正です。

After

和菓子の色を鮮やかに

Before

1　露出アンダーですので明るく補正します。レイヤーパネルの[塗りつぶしまたは調整レイヤーを新規作成]から[トーンカーブ]を選択します。中間調を大きく持ち上げ❶、シャドウ❷とハイライト❸にコントロールポイントを置いて、明るくなりすぎないよう抑えています。

2　全体的に薄く感じる色を鮮やかにします。レイヤーパネルの[塗りつぶしまたは調整レイヤーを新規作成]から[色相・彩度]を選択します。属性パネルの[彩度]をプラスに補正します。彩度を上げすぎると団子が作り物のようになってしまうので、注意しましょう。

情報	属性		>>
	色相・彩度		

プリセット： カスタム

マスター

色相：　0

彩度：　+13

明度：　0

After

Tip
18

青空をより青く

↓

[特定色域の選択]と[色相・彩度]で すっきりとした青に

きれいな青空の撮影はカメラまかせのオートの露出やホワイトバランスではイメージ通りにならないことがあります。黄味を除いて青味を強調してやれば抜けるような青空のイメージにすることができます。

Before

1. レイヤーパネルの[塗りつぶしまたは調整レイヤーを新規作成]❶から[特定色域の選択]❷を選択します。

2. 属性パネルの[カラー]で[ブルー系]を選択し❶、[シアン]を少しプラス側に操作して、青さを強調します❷。やりすぎて不自然にならない程度にします。[イエロー]を−100%に操作します❸。青空の黄色が除去されて青がすっきりします。

Part 1

Part 2

すぐできる色調補正の実践

Part 3

3 続いて[カラー]の[シアン系]を選択して①、[シアン]をプラス側に操作して②、青さをさらに強調します。ここではある程度大きな数値に設定しても大丈夫です。こちらも[イエロー]を−100%に操作します③。

4 レイヤーパネルの[塗りつぶしまたは調整レイヤーを新規作成]①から[色相・彩度]②を選択します。

5 属性パネルで[彩度]をプラス側に操作して色を鮮やかにします。やりすぎると色が飽和して不自然になってくるので、ほどほどにしておきましょう。

After

Tip 19

桜の花をより色濃く

↓

[特定色域の選択]か[カラーバランス]が便利

桜の花は意外と白っぽいものです。イメージとしてはピンクですが、写真にすると そうでもありません。記憶色になるように補正を加えましょう。

[特定色域の選択]で白色系をピンクに

Before

1 レイヤーパネルの[塗りつぶしまたは調整レイヤーを新規作成]❶から[特定色域の選択]❷ を選択します。

After

2 属性パネルの[カラー]で[白色系]を選択し❶、[マゼンタ]をプラス側に操作して桜の花に色を加えていきます❷。あまり強くしすぎると染井吉野ではなく別の種類の桜のようになってしまうので注意しましょう。

[カラーバランス]にレイヤーマスクをつける

レイヤーマスクを利用して色を加える部分をコントロールする方法もあります。

Before

1 レイヤーパネルの[塗りつぶしまたは調整レイヤーを新規作成]❶から[カラーバランス]❷を選択します。

2 「カラーバランス1」調整レイヤーが作成されてレイヤーマスクが選択されているので、[Shift]+[F5]キーで[塗りつぶし]を実行します。[塗りつぶし]ダイアログボックスで[内容]を[ブラック]にして[OK]すると、レイヤーマスクが黒く塗りつぶされます。

3 属性パネルの[階調]で[ハイライト]を選択します❶。[マゼンタ⇔グリーン]を左に操作してマゼンタを強めます❷。変化がわかりやすいように大きめに操作しておきます。ただしこの時点ではレイヤーマスクが全面を覆っているので色は変化しません。

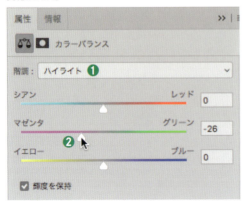

4 レイヤーマスクを編集して、桜の花だけに効果を適用します。ツールパネルで[ブラシツール]を選択し、[直径]を桜の花部分をはみ出さずに塗りつぶせる程度に(ここでは50px)、[硬さ]を多少ぼけ足がつく60%に設定します。

[ブラシツール]

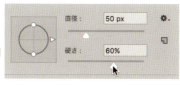

5 描画色が白になっていることを確認して、桜の花部分にブラシをかけてマスクを解除していきます。比較的大まかにブラシをかけていっても[ハイライト]以外への影響は気にならない程度なので、葉や枝を細かく塗り分ける必要はありません。

6 桜の花だけを選択したマスクが作成できたら、属性パネルの[マゼンタ⇔グリーン]のスライダーの数値で、不自然にならない程度にマゼンタの濃さを調整します。

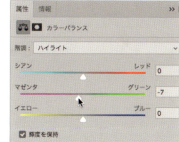

After

Tip
20

新緑をより鮮やかに

↓

[[特定色域の選択]で色をクリアにして
[色相・彩度]と[トーンカーブ]で鮮やかに調整]

新緑を撮影したのに、いまひとつ新緑らしく見えないという場合は、グリーンが
より鮮やかに見えるように補正を加えていきます。

Before

1 本来日中の明るい時間での撮影ですが、夕方のようになってしまっているので露出を調整します。レイヤーパネルの[塗りつぶしまたは調整レイヤーを新規作成]❶から[露光量]❷を選択します。

[直接操作]

2 属性パネルの[カラー]で[グリーン系]を選択し❶、[シアン]をプラス側に❷、[マゼンタ]をマイナス側に❸操作します。不自然にならなければ目一杯操作してしまって構いません。

3 レイヤーパネルの[塗りつぶしまたは調整レイヤーを新規作成]から[色相・彩度]を選択します。属性パネルで[直接操作]アイコンをクリックし、葉の上にカーソルを移動し、右にドラッグすると❶その箇所の色の彩度が上がります。属性パネルでは[イエロー系]が選択されています❷。

4 日射しを感じさせるようにコントラストを上げます。レイヤーパネルの[塗りつぶしまたは調整レイヤーを新規作成]から[トーンカーブ]を選択します。属性パネルで[直接操作]アイコンをクリックして、背景の暗い箇所にカーソルを移動し、下にドラッグすると、陰がより暗くなります。

 [直接操作]

5 このままではハイライトも落ちているので、明るめのグリーン部分を上にドラッグしてカーブのハイライト側を元の位置あたりまで戻します。グリーンがさらに鮮やかに見えるようになりました。

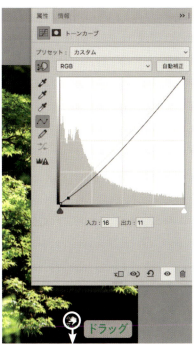

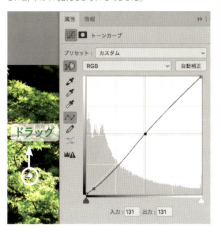

After

[Point]

このように属性パネルで[直接操作]アイコンを押して操作すると、調整したい箇所をドラッグして感覚的にパラメータを設定することができます。

Tip
21

紅葉をより印象的にする

[[特定色域の選択] で [レッド系] を調整する]

紅葉は種類によってはそれほど鮮やかな色にならなかったり、時期が早いと色づきが浅い場合があります。これを記憶色に近づけていきましょう。

Before

1 レイヤーパネルの［塗りつぶしまたは調整レイヤーを新規作成］❶から［特定色域の選択］❷を選択します。

2 属性パネルの［カラー］で［レッド系］が選択されていることを確認して❶、［マゼンタ］❷と［イエロー］❸をプラス側に操作します。

3 ［シアン］をマイナス側に操作すると、緑に埋もれていた背景の紅葉も鮮やかになり、赤い色の面積が増えます。

4 最後に［ブラック］をプラス側に操作します。これで色が濃くなり、色の深みが追加されました。

5 さらにレイヤーパネルの［塗りつぶしまたは調整レイヤーを新規作成］❶から［色相・彩度］❷を選択します。

6 属性パネルの［彩度］スライダーをプラス側に操作して全体の彩度を少し高めます。これで完成です。

After

Tip
22

朝日や夕日の存在を強調する

↓

[[Camera Rawフィルター]で周辺の色や明るさを
変えることで太陽を目立たせる]

朝日や夕日の写真は、風景とともに構図をつくることが一般的です。太陽を目立たせたい場合は、太陽以外の部分に手を入れていくと効果的です。

Before

1 フィルターを使う前に、レイヤーパネルで「背景」を[Control]＋クリック（右クリック）して、メニューから[スマートオブジェクトに変換]を選択します。

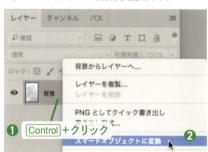

2 [フィルター]メニュー→[Camera Rawフィルター]を選択します。

3 Camera Rawワークスペースが表示されます。[基本補正]タブの[黒レベル]をマイナス側に操作して、陸地部分を黒くつぶして太陽に目を向けさせます。

4 [コントラスト]をプラス側に少し操作して太陽の上の夕焼け雲を少し明るくします。

5 [明瞭度]をプラス側に操作して、陸地のエッジ部分をシャープにします。

6 最後に[彩度]をプラス側に操作して夕日と夕焼けの色を鮮やかにします。これで[OK]してCamera Rawフィルターを適用します。

7 さらにレイヤーパネルの[塗りつぶしまたは調整レイヤーを新規作成]から[特定色域の選択]を選択します。属性パネルの[カラー]で[イエロー系]を選択し❶、[マゼンタ]をマイナス側に操作します❷。雲に当たって陰になっている部分との明暗が強調され、太陽の光の存在感を強くすることができました。

After

Tip
23

↓

[
[色相・彩度] [トーンカーブ]
[特定色域の選択] で赤さと明暗を強調する
]

朝焼け、夕焼けの空を印象的にみせたい場合は、周囲との明暗比と色の鮮やかさ
を強調するといいでしょう。

Before

1　レイヤーパネルの[塗りつぶしまたは調整レイヤーを新規作成]❶から[色相・彩度]❷を選択します。

2　属性パネルで[色相]を左に操作して色調を赤味のある色に調整します❶。全体の色を鮮やかにするため、[彩度]をプラス側に操作します❷。

3 レイヤーパネルの［塗りつぶしまたは調整レイヤーを新規作成］から［トーンカーブ］を選択します。属性パネルで、山肌の黒を引き締めるため、シャドウ側のコントロールポイントを右に移動します。

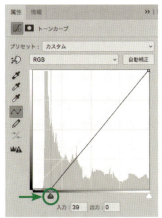

4 ［RGB］プルダウンメニューから［レッド］を選択します❶。山肌の赤味を取り除いて陰をより黒くするために、シャドウ側のコントロールポイントを右に移動します❷。太陽の明るさに影響が出ないよう、中間部分にコントロールポイントを作って元の位置まで戻します❸。

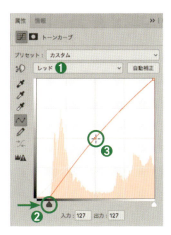

5 レイヤーパネルの［塗りつぶしまたは調整レイヤーを新規作成］から［特定色域の選択］を選択します。属性パネルの［カラー］は［レッド系］なのを確認して❶、赤味を強調するために［マゼンタ］をプラス側に操作します❷。赤の濃度を高めるために、［ブラック］をプラス側に操作します❷。

After

Tip
24

夏の強い日差しを演出する

↓

[[明るさ・コントラスト]に加え
[特定色域の選択][色相・彩度]で青を鮮やかに]

夏の強い日差しは陰を黒々とさせ、光が当たっているところはより明るく見えて
コントラストが強くなるので、そのように補正していきましょう。

Before

1 まずレイヤーパネルの[塗りつぶ
しまたは調整レイヤーを新規作
成]から[明るさ・コントラスト]を選択しま
す。属性パネルの[コントラスト]をプラス
側に操作してコントラストを強くします。

2 日本の夏は湿度の
影響であまり空の
色がきれいになりません。空
の青を鮮やかにするため、
レイヤーパネルの[塗りつぶ
しまたは調整レイヤーを新規
作成]から[特定色域の選
択]を選択します。属性パネ
ルの[カラー]プルダウンメ
ニューから[シアン系]を選
択します**1**。[シアン]をプラ
ス側に**2**、[イエロー]をマイ
ナス側に操作します**3**。少
し青が濃くなりました。

⑶ ［カラー］で［ブルー系］を選択し❶、［シアン］を
プラス側に操作します❷。さらに青が濃くなりま
す。

⑷ レイヤーパネルの［塗りつぶしまたは調整レイ
ヤーを新規作成］❶から［色相・彩度］❷を選択
します。

⑸ 属性パネルの［彩度］スライダーをプラス側に
少しだけ操作して色を鮮やかにします。同時に
わずかにコントラストが強くなったように見え、夏らしさ
が出せました。

After

夏らしい空と雲を作りだす

↓

[トーンカーブ]の二重がけで コントラストを強調する

夏のイメージといえば「青い空に白い雲」といわれるように空の青さと雲の白さの対比がポイントです。そうなるように補正を加えていきましょう。

Before

1 レイヤーパネルの[塗りつぶしまたは調整レイヤーを新規作成]❶から、[トーンカーブ]❷を選択します。

2 コントラストを強めるため、属性パネルのトーンカーブでシャドウ側にコントロールポイントを作成して下にドラッグし、シャドウ部を引き締めます。

3 続いて属性パネルの[直接操作]アイコンをクリックしてトーンカーブを操作します。

[直接操作]

4 雲の白さが際立つように、白くしたい部分で上に
ドラッグして明るくしていきます。

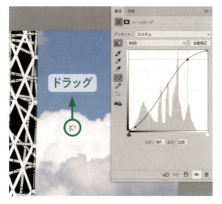

5 手前の暗めの雲を部分で下にドラッグして、暗く
して白さをより引き立てます。

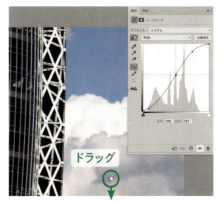

6 もう少しコントラストが強くてもいいと判断したの
で、レイヤーパネルの「トーンカーブ1」を［新規レ
イヤーを作成］にドラッグ＆ドロップして複製します。二重
に調整レイヤーの効果がかかることになります。

7 「トーンカーブ1のコピー」レイヤーの［不透明
度］を下げて補正の効果を加減します。白い雲
のディテールが飛ばない程度に調整しましょう。

After

(**Point**)

コントラストを強くしたくない箇所が
画像にある場合は、調整レイヤー
のレイヤーマスクを使ってマスクしま
しょう。

雪景色の寒さを強調する

[Camera Rawフィルター]で寒そうな雰囲気を演出

雪景色の寒そうな印象を強めるには、寒色系に全体の色調を寄せていくといいでしょう。

Before

1 レイヤーパネルで「背景」を Control +クリック（右クリック）して❶、メニューから[スマートオブジェクトに変換]を選択します❷。

2 [フィルター]メニュー→[Camera Rawフィルター]を選択します。

3 Camera Rawワークスペースが表示されますので[基本補正]タブの[色温度]を少し左に操作して全体に青味を加えます。

4 [黒レベル]をマイナス側に操作して、ダークシャドウをより黒くし引き締めます。

5 [明瞭度]をプラス側に操作し、細かなディテールをよりはっきりとさせます。

6 [効果]タブをクリックして❶、[かすみの除去]スライダーをプラス側に操作します❷。かすみがとれて冷たい空気の透明な感じがでてきました。

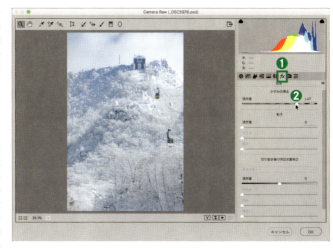

7 さらに補正を加えたり、やり直したいという場合は、レイヤーパネルの「Camera Rawフィルター」をダブルクリックするとCamera Rawワークスペースが再表示され、現状の補正からさらに追加補正を加えていくことができます。

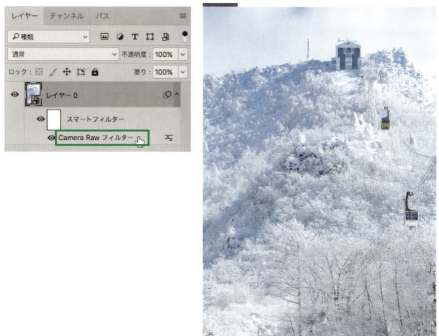

After

特定の色だけを鮮やかにする

[特定色域の選択] または [色相・彩度] で簡単に

写真にしてみると特定の色だけうまく再現されていないということがあります。「この系統の色だけを補正したい」という場合の方法を2つ紹介します。ここでは紫陽花の花の紫色はそのまま、葉の緑だけ鮮やかにしてみます。

Before

[特定色域の選択] での補正

1 レイヤーパネルの[塗りつぶしまたは調整レイヤーを新規作成]❶から[特定色域の選択]❷を選択します。

2 属性パネルの[カラー]ポップアップメニューをクリックして[グリーン系]を選択します❶。[マゼンタ]をマイナス側に操作して❷余計な色を除去します。[シアン]❸と[イエロー]❹をプラス側に操作してグリーンをより鮮やかにします。[ブラック]を少しプラス側に操作すると❺、色が落ち着きます。

[Point]

[特定色域の選択]は[色相・彩度]よりもより精度の高い補正が行なえますが、手軽なのは[色相・彩度]での補正です。状況に合わせて使い分けるといいでしょう。

After 1

[色相・彩度]での補正

1 レイヤーパネルの[塗りつぶしまたは調整レイヤーを新規作成]❶から[色相・彩度]❷を選択します。

2 属性パネルのカラー設定プルダウンメニューをクリックし、[グリーン系]を選択します❶。[色相]を右に操作して❷グリーンの濁りを除去します。次に[彩度]をプラス側に操作して❸色を鮮やかにします。

After 2

すぐできる色調補正の実践

Tip
28

夜景をより夜景らしくする

↓

[[焼き込みツール]と[トーンカーブ]で明暗をつけ [色相・彩度]で色鮮やかに]

長秒時露光で夜景を撮影すると、とくに都会では空まで明るくなってしまうことがあります。暗いところは暗くして明度差をつけていきましょう。

Before

1 ツールパネルで[焼き込みツール]を選択します。

2 空を暗くしていくので、ブラシの[直径]を大きめ(ここでは600px)に設定し**①**、[硬さ]を0%としました**②**。[範囲]を[シャドウ]に設定して暗い部分以外に影響が及ばないようにし**③**、少しずつ暗くしていくために[露光量]を10%**④**とします。

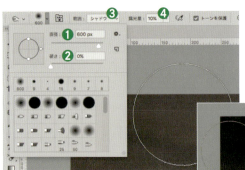

ドラッグ

3 雲のディテールはわずかに残るようにしながら、空の上の方がより暗くなるように何度かに分けてブラシをかけます。

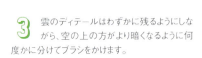

4 レイヤーパネルの［塗りつぶしまたは調整レイヤーを新規作成］❶から［トーンカーブ］❷を選択します。

5 暗い部分はあまり暗くならないように中間よりやや下にコントロールポイントを作り❶、明るい部分をより明るくするためにトーンカーブ上部を上にドラッグします❷。

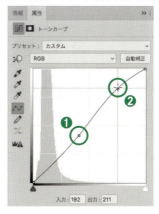

6 レイヤーパネルの［塗りつぶしまたは調整レイヤーを新規作成］❶から［色相・彩度］❷を選択します。

7 華やかな感じを出すため、属性パネルの［彩度］スライダーをプラス側に操作して色を鮮やかにします。やりすぎると不自然になるのでほどほどにしましょう。

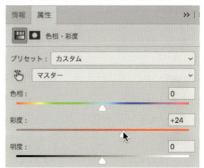

After

すぐできる色調補正の実践

階調のあるモノクロ写真にする

↓

[専用の[白黒]コマンドで色ごとのメリハリをつける]

ただカラー情報を捨ててモノクロにするだけだと、明度差が不足する写真になります。色ごとの明度をコントロールして白黒写真を作り出すことができる[白黒]コマンドを利用しましょう。

Before

[白黒]で色ごとの明度を調整する

1 レイヤーパネルの[塗りつぶしまたは調整レイヤーを新規作成]**❶**から[白黒]**❷**を選択します。

2 属性パネルで6つの色系統ごとに調整していきます。まず空の青さを出すために[シアン系]をマイナス側(暗くなる)に操作します。空に階調がついて太陽の位置や雲のディテールが確認できるようになります。

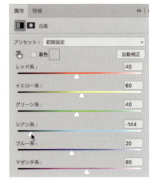

3 ［ブルー系］もマイナス側に操作して空の階調を強めます。やりすぎると山の樹木などのブルー成分を持つ箇所に影響が出るので、こちらの補正は少なめにしておきます。

4 鳥居の明るい朱色を表現するため、［レッド系］をプラス側（明るくなる）に操作します。鳥居が明るくなります。これで［OK］して白黒にします。

部分的にコントラストを調整する

1 背景左側の山の木々にもう少しコントラストが欲しいので調整を加えます。ツールパネルで［クイック選択ツール］を選択し、ブラシの［直径］を調整し（ここでは40px）、ブラシをかけて選択範囲にしていきます。

［クイック選択ツール］

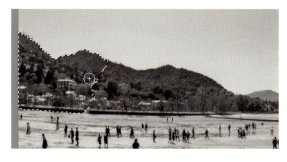

2 選択範囲が完成したらレイヤーパネルの［塗りつぶしまたは調整レイヤーを新規作成］❶から［トーンカーブ］❷を選択します。

3 シャドウ部にコントロールポイントを追加してわずかに暗くし❶、中間付近にコントロールポイントを追加して明るくなるようにドラッグします❷。

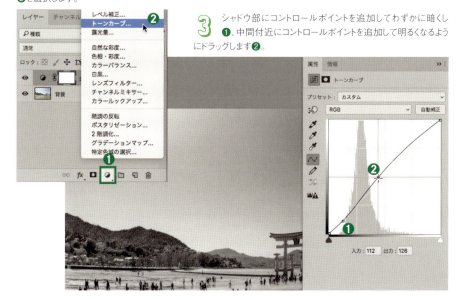

4 潮が引いた地面のコントラストを強調したいので、レイヤーパネルの［塗りつぶしまたは調整レイヤーを新規作成］から［トーンカーブ］を選択し、「トーンカーブ2」調整レイヤーを追加します。

5 レイヤーマスクサムネールが選択された状態なので、Shift＋F5キーで［塗りつぶし］を実行します。［内容］を［ブラック］にして［OK］すると、レイヤーマスクがいったん黒く塗りつぶされます。

6 ツールパネルで［ブラシツール］を選択し、［直径］を大きく（ここでは600px）、［硬さ］は90％程度にします。地面にブラシをかけてレイヤーマスクを白く抜いて、効果がかかるようにします。

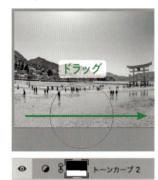

7 ［トーンカーブ2］レイヤーの属性パネルで図のようなS字のトーンカーブを作成します。水がある部分の透明感が増しました。

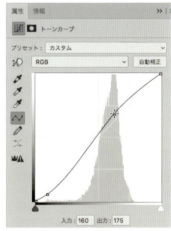

After

30

イラストのような色調にする

↓

[フィルターギャラリー]で さまざまなタッチが選べる

Photoshop には［フィルターギャラリー］と呼ばれる機能が用意されています。これを使うとさまざまなタッチの絵画調にすることができるので試してみるといいでしょう。

Before

1　レイヤーパネルで「背景」を Control ＋クリック（右クリック）❶して、メニューから［スマートオブジェクトに変換］❷を選択します。

2　［フィルター］メニュー→［フィルターギャラリー］を選択します。

| フィルター | 3D | 表示 | ウィンドウ |

| Camera Raw フィルター | ^⌘F |

| スマートフィルター用に変換 |

| フィルターギャラリー... |
| 広角補正... | ⌥⇧⌘A |

3　フィルターギャラリーワークスペースが開きます。プレビューが大きすぎるときには、左下の拡大率をクリックして［表示サイズに合わせる］をクリックし、全体を表示します。

4　中央のフォルダアイコンから［スケッチ］をクリックして開きます。

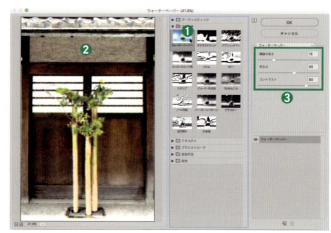

5 ここでは［ウォーターペーパー］をクリックします❶。効果が適用されて絵画調に変わります❷。右側のパラメータを操作することで❸描画の詳細を調整できます。

6 ワークスペース右下の［新しいエフェクトレイヤー］をクリックすると❶、その上の欄に効果が追加されます。追加されたエフェクトレイヤーがアクティブな状態で別の効果をクリックすると❷、効果が追加されていきます。ここでは［ブラシストローク］の［はね］を追加しました。

［新しいエフェクトレイヤー］

(Point)

エフェクトレイヤーはドラッグして順序を入れ替えることもできます❸。順序によって結果が変わるので、パラメータの操作と合わせて効果の違いを試してみるといいでしょう。

After

31

画像の一部以外をモノクロにする

↓

[［白黒］調整レイヤーにレイヤーマスクを活用する]

白黒写真の一部だけに色をつけて主役を目立たせる表現方法があります。カラー写真から必要な場所を残してあとは白黒にすれば簡単に作り出せます。

Before

1 ツールパネルで［クイック選択ツール］を選択します。花がラクに選択できる程度にブラシの［直径］を調整し（ここでは70px）、花の上でドラッグして選択します。細部はこの後調整するのでだいたいで構いません。

［クイック選択ツール］

2 ［選択範囲］メニュー→［選択とマスク］を選択します。

3 選択とマスクワークスペースが表示されます。右側の属性パネルの表示モードにある［表示］をクリックして［オーバーレイ］を選択し❶、［カラー］の四角をクリックして❷カラーピッカーを表示します。

4 縦のカラーバーにある白い三角を動かしてマスクの色を変えます。ここではブルーを選択しました。これで花と背景との境界がわかりやすくなります。

5 左側のツールから[境界線調整ブラシツール]を選択します。ブラシの[直径]を小さめに設定し（ここでは30px）、選択しきれていない境界部分にブラシをかけます。

 ［境界線調整ブラシツール］

6 属性パネルの[出力設定]にある[出力先]で、[新規レイヤー（レイヤーマスクあり）]を選択して[OK]します。

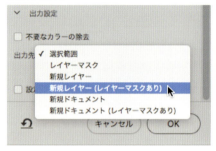

7 レイヤーパネルで「背景」を選択し❶、目のアイコンをクリックして❷表示させます。

8 レイヤーパネルの[塗りつぶしまたは調整レイヤーを新規作成]❶から[白黒]❷を選択します。「背景」の上に「白黒1」調整レイヤーが作成されます。

9 背景となる白黒画像の明るさやコントラストを変えるには、属性パネルの[プリセット]を試してみましょう。今回は背景が暗すぎると感じたので[グリーンフィルター]を選択して明るくしました。

10 茎もカラーにしたいので、レイヤーパネルで「背景のコピー」レイヤーのレイヤーマスクアイコンをクリックして選択します。

11 ツールパネルから[ブラシツール]を選択し、[直径]を茎の太さに合わせて（ここでは20px）、[硬さ]を多少ボケ足が残る60%に設定します。描画色が白になっていることを確認して、茎部分に沿ってブラシをかけてマスクを解除します。ほかにも花弁やシベに不自然な部分があればブラシを小さくして修正しておきます。

[ブラシツール]

ドラッグ

After

金属などの硬い質感を強調する

[コントラスト調整などで硬質な感じを出す]

金属の硬質な感じを表現するには、コントラストを強くしてシャープネスを強めます。ディテールを損なわないようにしながら補正してみましょう。

Before

1 ツールパネルで[クイック選択ツール]を選択し、ブラシの[直径]を設定して（ここでは50px）カメラを選択していきます。

[クイック選択ツール]

2 ツールパネルの[クイックマスクモードで編集]をクリックしてクイックマスクモードに入ります。

[クイックマスクモードで編集]

3 郬+①キーで[階調の反転]を実行してマスクされている範囲を反転します。ツールパネルで[ブラシツール]を選択し、ブラシの直径を小さくして（ここでは15px）、[硬さ]は硬めの90%に設定して、描画色は黒でカメラの塗り残し部分にブラシをかけて塗っていきます。

[ブラシツール]

4 細かい部分ではブラシの［直径］をさらに小さくして作業します。はみ出した部分は⊠キーで［描画色と背景色を入れ替え］をし、描画色を白にして消します。完成したら⌘＋Ｉキーで［階調の反転］を実行してマスク範囲をカメラ以外に戻し、ツールパネルの［画像描画モードで編集］をクリックしてクイックマスクモードを抜けます。カメラの選択範囲の完成です。

［画像描画モードで編集］

5 レイヤーパネルの［塗りつぶしまたは調整レイヤーを新規作成］❶から［トーンカーブ］❷を選択します。

6 コントラストが強くなるように、Ｓ字のトーンカーブを作成します。シャドウ側はあまり暗くせず、明るいほうをより明るくします。

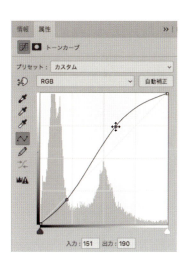

すぐできる色調補正の実践 Part 2

7 レイヤーパネルで「背景」を Control ＋クリック（右クリック）して❶、表示されるメニューから［スマートオブジェクトに変換］を選択します❷。

8 レイヤーパネルの「トーンカーブ 1」のレイヤーマスクサムネールを⌘＋クリックしてカメラの選択範囲を呼び出します。

9 レイヤーパネルの「レイヤー0」をクリックして選択し、[イメージ]メニュー→[色調補正]→[シャドウ・ハイライト]を選択します。初期設定ではシャドウ部が明るくなりすぎるので、[シャドウ]の[量]を減らして調整します。蛇腹の一番暗い部分のディテールがかすかにわかる程度にするといいでしょう。

10 [フィルター]メニュー→[シャープ]→[スマートシャープ]を選択します。プレビューを見ながら、金属のシャープな感じが出るようにシャープネスを強めに設定していきます❶。[半径]は少し小さくして❷ディテールがつぶれてしまわないようにし、念のために[ノイズを軽減]を少し設定しました❸。

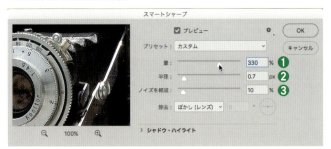

[Point]

スマートフィルター自体にマスクがついているので、そこに追加されるフィルターなどは別途マスクを設定する必要がありません。

After

Tip

33

芝生を色鮮やかにして春っぽくする

↓

[[特定色域の選択]と[色相・彩度]を組み合わせる]

芝生の緑もなかなかイメージ通りの色になりません。鮮やかな緑が印象的な記憶色に近づけていきましょう。

Before

1 レイヤーパネルの[塗りつぶしまたは調整レイヤーを新規作成]❶から[特定色域の選択]❷を選択します。

2 属性パネルの[カラー]で[グリーン系]を選択します❶。[マゼンタ]をマイナス側に操作して余計な色を除去します❷。[ブラック]をプラス側に操作すると❸、グリーンの鮮やかさが増します。[シアン]をプラス側に操作すると❹、わずかですがグリーンがさらに鮮やかになります。

属性　情報　　　　　　　　　　　　　》|

■ ● 特定色域の選択

プリセット：　カスタム

カラー：　■ グリーン系 ❶

シアン：　　　　　　　　　❹ +100 ％

マゼンタ：　　　　　　　❷ -100 ％

イエロー：　　　　　　　　　0 ％

ブラック：　　　　　　　❸ +100 ％

◉ 相対値　　○ 絶対値

3 レイヤーパネルの［塗りつぶしまたは調整レイヤーを新規作成］❶から［色相・彩度］❷を選択します。

4 属性パネルの［直接操作］アイコンをクリックします。芝生の上でマウスを右方向にドラッグして彩度を高めます。強く補正しすぎると不自然な色になるのでほどほどにしておきましょう。

　［直接操作］

After

Tip 34

水の透明感をより強調する

↓

[[トーンカーブ]でコントラストをつけて [レンズフィルター]で色かぶりをとって透明感を]

川や池、湖などの水の透明感を演出するには、コントラストを強めてメリハリを
つけるといいでしょう。また、色調を整えることも効果があります。

Before

1️⃣ レイヤーパネルの[塗りつぶしまたは調整レイヤーを新規作成]❶から[トーンカーブ]❷を選択します。

2️⃣ シャドウ部を引き締めるために、属性パネルのトーンカーブのシャドウ部にポイントを作成して下にドラッグします。

3️⃣ さらに画像上で操作するので、[直接操作]アイコンをクリックします。

 [直接操作]

４ 　明るくしてディテールをよりわかりやすくするため、図の部分でカーソルを上方向にドラッグします。水面下の岩のディテールがよりはっきりしたことで、水の透明感が増します。

５ 　樹木のグリーンによって全体に色調がグリーンがかっているので調整を加えます。レイヤーパネルの［塗りつぶしまたは調整レイヤーを新規作成］❶から［レンズフィルター］❷を選択します。

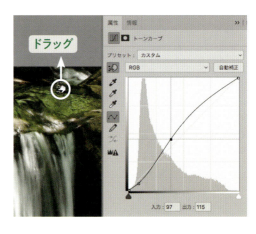

６ 　属性パネルの［フィルター］で寒色系を選択します。プリセットが3種類あるのでそれぞれ試してみます。最終的にここでは［フィルター寒色系（LBB）］を選択しました。これで水の白さが際立つようになり、より透明感が増しました。

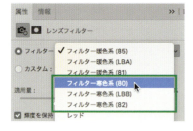

After

Tip

35

ダイナミックレンジを広く再現する

⬇

[HDRトーン]で簡単にできる

明暗比が大きくてシャドウが暗くなりすぎたり、ハイライトが明るくなりすぎたりするような条件で撮影した場合に、シャドウからハイライトまでのディテールを再現するには［HDRトーン］が一番です。

Before

1 ［イメージ］メニュー→［色調補正］→［HDRトーン］を選択します。

2 シャドウ部が明るくなりディテールがわかるようになりましたが、若干不自然なので調整を加えます。HDRトーンダイアログボックスの［プリセット］プルダウンメニューをクリックして［フォトリアリスティック］を選択します。

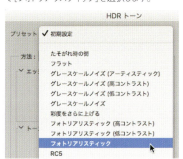

3 エッジが不自然なので調整します。［方法］の［エッジ光彩］にある［強さ］を左に動かしてエッジを目立たないようにします。最小値にしてしまって構わないでしょう。

4 シャドウ部が明るくなりすぎているので調整します。[トーンカーブおよびヒストグラム]でトーンカーブのシャドウ側コントロールポイントを右方向にドラッグしてシャドウ部を引き締めます❶。トーンカーブの中間部分をクリックしてコントロールポイントを作り、上にドラッグして中間調の明るさを取り戻します❷。

5 HDR写真らしい色の鮮やかさがほしかったので、[詳細]の[彩度]スライダーをプラス側に操作して彩度を高めました。[OK]して完成です。

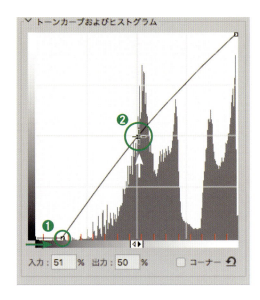

After

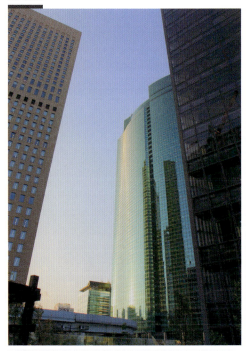

Tip

36

緑の葉を紅葉させる

↓

［色域指定］で選択し ［カラーバランス］で色を変える

時期的に紅葉の写真が撮影できない場合に、緑の葉のときの写真に対して色調補正を行なって紅葉を作り出してしまうこともできます。

Before

［色域選択］で 葉だけを選択する

1 緑の葉を選択範囲にしたいので、［選択範囲］メニュー→［色域指定］を選択します。

2 ［色域指定］ダイアログボックスが表示されます。［スポイトツール］が選択されているので❶、木の葉の部分をクリックします❷。画像上またはダイアログボックスのプレビュー上でも構いません。

3 Shift キーを押すと一時的に［選択範囲に追加］に変化するので、薄いグレーになっている木の葉部分をクリックして選択範囲に追加していきます。枝部分は選択されないので、気にしなくて大丈夫です。選択が完了したら［OK］をクリックすると選択範囲になります。

Part 1

Part 2
すぐできる色調補正の実践

Part 3

[選択とマスク]で細かく選択する

1 [選択範囲]メニュー→[選択とマスク]を選択します。

2 選択とマスクワークスペースが表示されます。属性パネルの[エッジの検出]で[スマート半径]にチェックして❶、[半径]を設定します❷（ここでは5px）。

3 [境界線調整ブラシツール]を選択し❶、木の葉の先端部分に合わせてブラシの[直径]を40px❷、[硬さ]を0%❸に設定します。

4 選択しきれていない木の葉の先端部分にブラシをかけて選択します。葉が重なって色が濃くなっている部分などは選択しきれていないので、そのような箇所にもブラシをかけます。

5 こうした画像では完全に選択するのは条件的に難しいので、大半が選択できればよいでしょう。[出力設定]で[出力先]を[選択範囲]に設定して[OK]をクリックします。

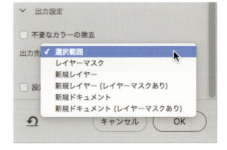

［カラーバランス］で色を変える

1 レイヤーパネルの［塗りつぶしまたは調整レイヤーを新規作成］❶から［カラーバランス］を選択すると、選択範囲がマスクになった「カラーバランス1」❷調整レイヤーが作成されます。

2 属性パネルの［階調］で［シャドウ］を選択し❶、［シアン⇔レッド］をレッド側に操作します❷。

3 ［階調］で［ハイライト］を選択し❶、［シアン⇔レッド］をレッド側に操作します❷。これで若干暗すぎた紅葉の色が明るくなります。

4 最後にレイヤーパネルの［塗りつぶしまたは調整レイヤーを新規作成］から［レンズフィルター］を選択して、暖色系のフィルターを少なめに適用して全体の色調を整えました。

After

Tip 37

色あせた古い写真のようにする

↓

色調やコントラストなどを変化させていく

銀塩写真のプリントは時間が経つと色素が抜けて、色があせていきます。演出としてそのような状態に近づけてみましょう。

Before

1 レイヤーパネルの[塗りつぶしまたは調整レイヤーを新規作成]❶から[色相・彩度]❷を選択します。

2 属性パネルの[色系]プルダウンメニューで[シアン系]を選択し❶、[彩度]をマイナス側に操作します❷。

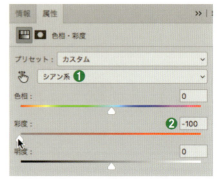

3 同様に[色系]で[ブルー系]を選択し❶、[彩度]をマイナス側に操作します❷。

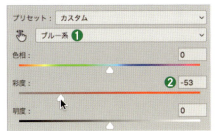

4 [レッド系]を選択して❶、同じく[彩度]をマイナス補正します❷。

5 レイヤーパネルの[塗りつぶしまたは調整レイヤーを新規作成]から[特定色域の選択]を選択します。属性パネルの[カラー]で[グリーン系]を選択し❶、[シアン]をマイナス側に補正します❷。

6 レイヤーパネルの[塗りつぶしまたは調整レイヤーを新規作成]から[明るさ・コントラスト]を選択します。属性パネルの[コントラスト]をマイナス補正します。

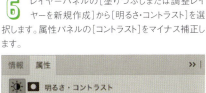

7 レイヤーパネルの[塗りつぶしまたは調整レイヤーを新規作成]から[レベル補正]を選択します。属性パネルのヒストグラム下部にあるグレーの△を左にスライドさせて中間調を明るくします。

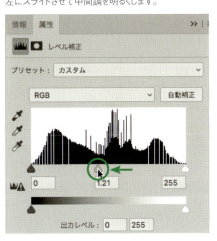

8 次にヒストグラムの下にある黒⇔白のバーの黒い▲を右に操作してシャドウを明るくします。

9 レイヤーパネルの［塗りつぶしまたは調整レイヤーを新規作成］から［レンズフィルター］を選択します。属性パネルの［フィルター］プリセットから［イエロー］を選択し①、［適用量］を少なめに設定して②若干の黄色を全体に加えます。

10 朱色が若干鮮やかすぎるので、レイヤーパネルで「色相・彩度1」レイヤーをクリックして選択し、属性パネルで［レッド系］を選択して①［彩度］を少し落としました②。

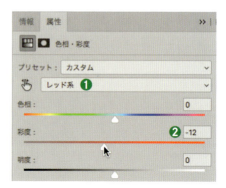

11 最終的に5種類の色調補正の調整レイヤーを適用しました。

After

白黒写真に色をつける

↓

[カラーバランス]とレイヤーマスクで
部分ごとに彩色していく

「白黒写真をカラーに着色したい」という場合、多様な被写体が写っていると元の色がわからない限り難しいですが、記憶色だけで再現できる単純な被写体なら、部分ごとにレイヤーマスクをつけて色を変えていけば可能です。

Before

1 ツールパネルで[クイック選択ツール]を選択します。ブラシサイズをひまわりの花弁が選択しやすいサイズに設定して、ブラシをかけて選択していきます。

　[クイック選択ツール]

2 レイヤーパネルの[塗りつぶしまたは調整レイヤーを新規作成]から[カラーバランス]を選択します。属性パネルで[中間調]を選び❶、[シアン⇔レッド]をレッド側に❷、[イエロー⇔ブルー]をイエロー側に❸操作して黄色く色をつけます。次に[階調]を[シャドウ]にして[シアン⇔レッド]を＋39、[イエロー⇔ブルー]を−100にします。[階調]を[ハイライト]にして[シアン⇔レッド]を＋35、[イエロー⇔ブルー]を−38にします。ハイライトは効果が出やすいので数値は少なめです。

[Point]

厳密に選択範囲を作るには、Tip05で説明した[選択とマスク]を利用しましょう。

3 同様にして、茎の部分を選択してから「カラーバランス2」調整レイヤーを作成します。属性パネルで[マゼンタ⇔グリーン]をグリーン側に、[中間調]で+62、[シャドウ]で+27操作して、茎を緑色にします。

4 レイヤーパネルで「カラーバランス1」のレイヤーマスクサムネールを⌘+クリックし❶、続けて「カラーバランス2」のレイヤーマスクサムネールを⌘+[Shift]+クリックすると❷、ひまわりと茎の両方の選択範囲が合わさった選択範囲が呼び出されます。これを⌘+[Shift]+[I]キーで[選択範囲を反転]すると❸、空が選択範囲になります。

5 空の範囲の「カラーバランス3」調整レイヤーを作成します。属性パネルで[階調]は[中間調]で❶[シアン⇔レッド]を−51❷、[イエロー⇔ブルー]を+39❸に、[ハイライト]で[イエロー⇔ブルー]を+81に、[シャドウ]で[イエロー⇔ブルー]を+24にして空を青くします。

6 このようにパーツごとに選択して着色していくと、白黒写真を疑似カラー写真にできます。全体を見て茎が明るかったので、[色相・彩度]調整レイヤーを追加して[彩度]と[明度]を下げて暗くしました。最終的なレイヤー構成です。

After

3

Camera Raw
フィルターでの
調整

Camera Rawフィルターの基本操作

いくつもの補正をワンストップで適用できる

非常に豊富な調整パラメータ

デジタルカメラで撮影した RAW データを Photoshop で現像する際に使用する
ソフトウェアが「Adobe Camera Raw」です。現像のためのさまざまなパラメ
ータが用意され、柔軟に調整が行なえるのが特徴です。それを Photoshop で開
いている画像にも使えるようにしたのが、［フィルター］メニューに用意されて
いる［Camera Raw フィルター］です。Camera Raw と同様に非常に細かく画
像を補正できます。Photoshop の色調補正コマンドのようにそれぞれを独立し
て実行するのではなく、一度に各種補正を加えられるのが便利なところです。

1　RAWデータをCamera Rawを使って
開いたときの画面です。通常の画像を
Camera Rawフィルターで開いたとき（2の画
面）も見た目はあまり変わらず、ほとんどの機能
がフィルターとして使えるようになっていることが
わかります。

2　Camera Rawワークスペースです。左
側にプレビューがあり、右側に9つのタ
ブに整理された設定項目が並んでいます。右
上部は画像のヒストグラムで、プレビューの上
にはツールが並んでいます。プレビューの下部
には、左側にズーム倍率の選択機能、右側に
は補正前後の画像の表示方法を選択するボ
タンがあります。

Photoshopのコマンド以上に便利な機能も

Camera Raw フィルターには、Photoshop 本体のコマンド以上に便利な補正機能も用意されています。同じようなことは Photoshop でも複数の手順で可能ですが、それを専用の機能でやってしまえば時短につながります。

以降の項では色調補正に便利に使える機能を取り上げて紹介していきますが、Camera Raw フィルターにどのような機能があるのか、まず全体を把握しておきましょう。すべての機能を使い切る必要はありませんが、ここにしかない機能は知っておくといいでしょう。

タブごとの設定項目

色調補正やシャープネスなどの補正項目は画面右側にあり、タブにジャンル分けされていて、それぞれ非常に多くの項目が用意されています。満足のいく補正ができたら、9番目の［プリセット］タブでその設定を保存しておき、呼び出して再び使うことができます。

基本補正

もっとも基本的な補正項目です。ホワイトバランスの補正、明るさに関する補正（露光量・コントラスト・ハイライト・シャドウ・白レベル・黒レベル）、明瞭度（Tip45・46参照）・彩度の補正という3つのグループです。

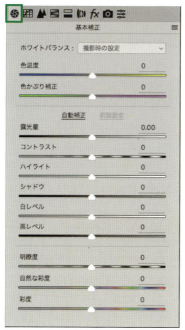

トーンカーブ

色調補正の［トーンカーブ］と同様です。［ポイント］を選ぶとおなじみの操作方法ですが、［パラメトリック］を選ぶとハイライト・ライト・ダーク・シャドウという4つのエリアごとにスライダーで調整することができます。

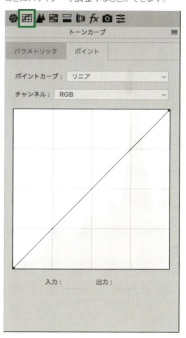

ディテール

［シャープ］と［ノイズ軽減］という2つのグループがあります。［シャープ］はフィルターの［アンシャープマスク］のように画像を鮮明にします（Tip50参照）。［ノイズ軽減］は画像の高感度撮影のノイズを軽減します（Tip47参照）。

HSL/グレースケール

色相（H＝Hue）、彩度（S＝Saturation）、輝度（L＝Lightness）の色の3要素を操作して調整できます。それぞれ8つの色系統のスライダーで操作します。［グレースケール］にチェックすると色調補正コマンドの［白黒］のように白黒にできます。

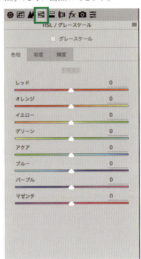

明暗別色補正

画像を［ハイライト］と［シャドウ］の2つに分けて色を補正します。［色相］を指定して［彩度］を上げていくことで、カラーフィルターをかけるように操作します。［バランス］はハイライトとシャドウの分岐点の設定です。

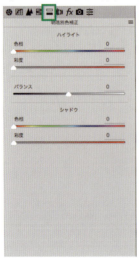

レンズ補正

レンズの収差による［ゆがみ］［フリンジ軽減］（Tip49参照）［周辺光量補正］（Tip48参照）の3つを補正します。［ゆがみ］では歪曲収差によるたる型ゆがみや糸巻き型ゆがみを補正できます。

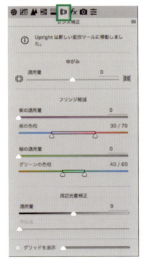

効果

[かすみの除去](Tip51参照)と[粒子]と[切り抜き後の周辺光量補正]の3つのグループです。[粒子]はフィルムのような粒状感を与えます。[切り抜き後の周辺光量補正]はその名のとおり切り抜いた写真の周辺光量補正を行ないます。

カメラキャリブレーション

カメラメーカーによって特徴的な現像の色調整の設定がいくつかありますが、それに合わせて[シャドウ]の色かぶり補正や、RGBの[色相][再度]の色度座標を補正することができます。その傾向に近づけたり、特徴を打ち消したりできます。

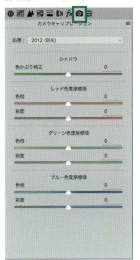

ツールの機能

ツールにも独特で便利な機能が用意されているので試してみましょう。

❶ズームツール:プレビューをクリックして表示倍率を変更します。ボタンをダブルクリックすると100%表示になります。

❷手のひらツール:プレビューをドラッグして表示範囲を移動します。

❸ホワイトバランスツール:画像上の白い被写体をクリックしてホワイトバランスを自動で補正します(Tip40参照)。

❹カラーサンプラーツール:クリックしたポイントのカラー情報を取得します(最大9つ)。

❺ターゲット調整ツール:画面上をドラッグしてその場所のパラメーターの値を変えられます。右か上にドラッグすると大きく、左か下にドラッグすると小さくなります。

❻変形ツール:「Upright」というツールを使って、水平垂直や遠近法を補正できます。

❼スポット修正ツール:コピー元とコピー先を指定し、コピー元の画像を使ってコピー先の画像を修正できます。

❽赤目補正ツール:目をドラッグして自動的にフラッシュによる赤目を補正します。

❾補正ブラシ:ドラッグして補正の効果を与える範囲を限定することができます。

❿段階フィルター:範囲を指定して線形グラデーションのように補正の効果を徐々に強くしていくことができます。

⓫円形フィルター:円形の範囲を指定して補正の効果を適用または除外することができます。

※❿と⓫にCC 2018から[範囲マスク]機能が追加されました。[カラー]か[輝度]でフィルターの適用を簡単にマスクできます。[スポイトツール]でクリックして色や輝度を指定します。

部分的に補正を適用できる

［補正ブラシツール］［段階フィルター］
［円形フィルター］を使うと、補正の
範囲を限定して効果を適用することが
できます。ブラシでドラッグあるいは
ツールで画面上をドラッグして範囲を
指定します。

1 ツールを選ぶと、このようにパラメータが右側に
一覧で表示されます。各適用量を同時に指定
できます。

2 ［補正ブラシツール］でサイズ・ぼかし・流量・密度
を設定して、効果を適用したい範囲をドラッグし
ます。設定項目の下にある［マスク］にチェックすると範
囲を確認することができます。マスク色も変えられます。

3 ［段階フィルター］は開始線と終了線を指定し、
線形グラデーションマスクのようにその間で効
果を徐々に強くしていくことができます。

4 ［円形フィルター］は円形の範囲で効果を適用
または除外できます。境界のぼかしを設定する
ことが可能です。

[Upright] で傾きや水平垂直を修正

[変形ツール] は [Upright]（アップライト）という機能を使って変形します。画像の傾きや被写体の水平垂直の補正が簡単にでき、風景の水平を出したり、建物にパースがかかってしまった場合にまっすぐに直すことができます。

1 [変形ツール]を選ぶと右側に7つの調整項目が表示されます。下部の[グリッド]にチェックすると方眼線が表示され、水平垂直がわかりやくなります。

2 建物のパースを修正するのも簡単です。[自動]（[A]のボタン）を押すだけで自動的に被写体と正対して撮影した状態にできます。

 [自動]

3 [ガイド付き]を押すと、水平垂直のガイド線を引いてやることで、それに従って補正が行なわれます。水平垂直どちらも2本ガイドを引くと補正が実行されます。

 [ガイド付き]

ホワイトバランスの調整

［色を正しく再現するための機能だが
意図的に色をかぶせる表現もできる］

ホワイトバランスは白いものをきちんと白くして、同時に他の色も正しく再現するための機能です。［色温度］では、日陰の青味や、冬の午後の赤味などのほか、タングステン電球（白熱電球）の下で撮影したときの色かぶりを補正することが可能です。意図的に青味、赤味を強めることもできます。

［色かぶり補正］は［グリーン⇔マゼンタ］のスライダーにより補正します。この2つの色軸で正しいホワイトバランスに調整できます。基本的には色を正す目的ですが、意図的に色をかぶせるためにも使えます。条件を変えて試してみて、どのような結果が得られるかを確認しておくといいでしょう。

1 ［色温度］を左右に操作して補正を行ないます。写真は色温度が低いと赤みがかって、色温度が高いと青みがかって写るのでこれを補正します。スライダーを右に操作するとオレンジっぽく、左に操作すると青く補正されます。

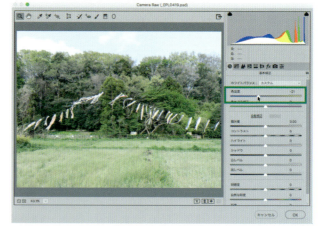

2 スライダーは±100の相対範囲で調整できます。これは目一杯プラスに上げたところ。青くなっている画像を補正する操作なので、オレンジが強くなっています。

3 画像内に白い被写体がある場合は、［ホワイトバランスツール］が便利です。

4 ［ホワイトバランスツール］で白い被写体をクリックすると、自動的にホワイトバランスが補正されます。

5 白くない部分をクリックし、画像に色をつけるといったこともできます。ここでは背景の樹木をクリックしています。

6 ［色かぶり補正］では、蛍光灯によるグリーンかぶりが補正できます。また、カラーの照明でマゼンタの光があたっていれば補正することも可能です。この作例の場合、意図的にグリーンを強めたり弱めたりといった効果を加えることにも利用できます。

[**Point**]

［ホワイトバランス］ポップアップメニューには［自動］も用意されていますが、うまく補正される条件がかなり狭いので使わなくていいでしょう。

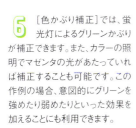

ハイライトの白飛びを解消する

［ハイライト］でディテールをとり戻すことができる

夏の強い日差しの下など、コントラストが強くなるとどうしても明るい部分が白く飛んでしまうことがあります。そんな場合は［ハイライト］を試してみるといいでしょう。［ハイライト］は後述する［白レベル］と同様に画像の中の明るい部分の明るさをコントロールするパラメータです。一番明るい部分（ハイエストライト）ではなく、少し暗い階調データがある部分の明るさを調整する機能です。ですから完全に真っ白な部分は取り戻せませんが、一見白く飛んでいるように見えるところでも、階調データさえあれば細部を取り戻せます。

1 強い日差しで門の白壁の部分が飛んでディテールがなくなっています。［ハイライト］は［基本補正］タブにあります。

2 スライダーをマイナス側に操作すると、ハイライト部の明るさが抑えられてディテールが見えてきます。プレビューを見ると、門の石組みの細部が見えるようになったことがわかります。

［ Point ］

絵柄によってはやりすぎると曇り空での撮影のようにねむい写真になってしまうので気をつけましょう。

3 プラス側に補正すると、明るい部分をより明るく
することができます。プレビューでは雲の白さが
際立ったことがわかるでしょう。ただしその分、門の石組
みのディテールはわかりにくくなっています。

ハイライト	+67
シャドウ	0

4 オリジナル（上）とハイライトをマイナスに補正して石組みのディテール再現性を高めたもの（下）です。補正し
たものは日差しの強い感じが若干失われているので、［コントラスト］の調整と組み合わせて補正を行なうとい
いでしょう。

シャドウの調整で陰の部分を明るくする

[暗くなっている部分を明るくして階調を取り戻せる]

晴天の日中など、コントラストが強い条件で撮影すると日陰部分が見えないほど真っ暗になってしまいます。[シャドウ] はその暗くなってしまっている部分を明るくして階調を取り戻すパラメータです。まるで現場で照明やレフを使用して光を補ったのと同じような効果を得られます。効果は明るいところにもわずかながら影響しますので、絵柄によっては効果を加えすぎると不自然な写真になってしまうので注意しましょう。

1 コントラストが強い条件での撮影なので、飛行機の下面が暗くなり見にくくなっています。[シャドウ]は[基本補正]タブにあります。

2 スライダーをプラス側に操作すると、シャドウ部が明るくなります。プレビューを見ると飛行機の下面が明るくなったことがわかります。ただし、それと同時に全体も少し明るくなっています。

3 スライダーは±100の範囲で操作できます。マイナスに操作すると、真っ黒にすることなくシャドウ部を引き締める補正も可能です。陰の部分のディテールは見えなくなりますが、コントラストが上がることで金属の硬質感が強調され、シャープな印象を与えることができます。

| シャドウ | -43 |
| 白レベル | 0 |

4 オリジナル（上）とプラス補正を加えたもの（下）です。[シャドウ]補正を行なったものは下面が明るくなってディテールがよく見えるようになっています。同時に青空も少し明るくなっています。このように意図したところ以外も影響を受けることを覚えておきましょう

43

ハイライトの明るさを調整する

[白レベル]で白をより白くするほか、
白の階調を豊かにできる

コントラストが低い写真では、ハイライトとなるべき部分を明るく明瞭にすれば、メリハリをつけることができます。[白レベル] を利用すると、画像の中の一番明るい部分の明るさを変化させることができます。またハイキーな写真ではマイナスに操作すると、真っ白に近くなってしまっている部分の階調を取り戻すことができます。やはり全体の明るさも影響を受けて明るく・暗くなることを覚えておきましょう。

1 新幹線の車体の塗装の艶を強調するために、ハイライトを明るくしたいところです。[白レベル]は[基本補正]タブにあります。

2 スライダーをプラス側に操作すると、グレーになっていたハイライト部の明るさが補正されてハイライトらしい白さになったことがわかります(新幹線の運転席後方など)。それと同時に同じ割合で全体の階調も明るい方向に操作されて明るくなりました。

| 白レベル | +58 |
| 黒レベル | 0 |

③ オリジナル（左）と［白レベル］を操作してハイライト部を明るくした状態（右）の比較です。滑らかな車体の質感がより強調されるようになりました。

④ この作例ではハイライト側の白い雲の陰影をしっかりと表現して立体感を出したいところです。［白レベル］をマイナス側に操作すると、ほとんど真っ白に見えている部分に残っているディテールを救うことができます。

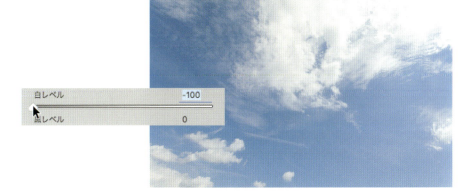

| 白レベル | -100 |
| 黒レベル | 0 |

黒レベルの調整でシャドウを引き締める

↓

黒の黒さを調整でき、
写真全体の印象を大きく変えられる

曇りの屋外など、コントラストが低い条件で撮影した場合にメリハリをつけたいと思ったら、[黒レベル]を使ってみましょう。[黒レベル]を操作すると、画像の中の一番暗い部分の明るさを変化させることができます。一番暗くなっていてほしいシャドウ部の黒さがいまひとつというようなときには、マイナスに操作することで引き締めることができます。同時に全体の明るさも影響を受けるので、見た目の印象を大きく変えることができます。

1　[黒レベル]は[基本補正タブ]の明るさを調整する各パラメータの一番下に用意されています。

2　スライダーをマイナス側に操作することで黒の明度を落として、引き締まった黒を作り出すことができます。全体の明るさも同じ割合で変化するので、若干暗くなります。

黒レベル　　　　　　　　-85

3 プラス側に補正するとシャドウ部を明るくする効果が得られます。Tip42の[シャドウ]に比べて全体に影響する具合が大きいので、全体的に明るくなります。

4 オリジナルと、[黒レベル]を−100補正、+100補正にした場合の比較です。印象が大きく変わることがわかります。シャドウ部を明るくすると柔らかい印象になるので、作例のような花の写真ではいい効果が得られるでしょう。

黒レベル：−100

オリジナル

黒レベル：+100

Tip
45

明瞭度で写真をくっきりさせる

↓

中間調のコントラストを調整して
ディテールをはっきり

いわゆるねむい写真は一発ではなかなか思いどおりに補正できません。[明瞭度]はコントラストの変化によって文字どおり明瞭さを調整し、ぼんやりした写真をくっきりさせることができるパラメータです。主に中間調部分のコントラストに影響を与えることで、シャドウ部・ハイライト部の明るさをあまり変化させることなく、メリハリのある画像にすることができます。それに伴って細部もはっきりして、絵柄が明瞭になります。

1 明瞭度]は[基本補正]タブの下から3番目に用意されています。[コントラスト]のスライダーと同じデザインで、同じような効果を加えるものだとわかります。違いは階調全体に影響を与えるのではなく中間調だけに効果が加えられるということです。

2 プラス側に補正することで中間調のコントラストが高められ、メリハリがついてくっきりとした写真にすることができます。それに伴ってディテールの再現性も高くなります。

3 上からオリジナ
ル、[明瞭度]を
高めたもの、[コントラ
スト]を高めたものです。
[明瞭度]を高めると、
もやっとしたかすみがな
くなり、流れ落ちる滝の
水の流れひとつひとつ
や岩肌、樹木の葉など
の細かい部分がよくわ
かる写真になりました。
[コントラスト]を高めた
ものは全体の明るさに
も影響があり、ハイライ
トのディテールが消えた
り、樹木の葉の色が変
化したりしています。

明瞭度で淡い色彩のイメージにする

↓

中間調のコントラストを落として滑らかに

中間調のコントラストを調整する［明瞭度］は画像をくっきり見せるだけではなく、マイナス側に補正してコントラストを弱め、階調を滑らかにする用途にも使えます。女性の肌などは、この効果を利用して滑らかでしっとりとした印象にすることができます。数値を大きく設定すると細かなディテールは消失して全体がにじんだような感じになり、ソフトフォーカスのような効果を得られます。

1 ［基本補正］タブにある［明瞭度］をマイナス側に操作すると、中間調のコントラストが低下するので滑らかなトーンにすることができます。柔らかさなどを表現したい場合に便利です。

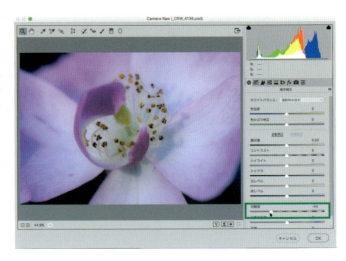

2 女性のポートレートは［明瞭度］を下げると柔らかい印象にできます。オリジナルと［明瞭度］を−100に設定したもの（次ページ）です。数値を大きくすると全体的に色がにじんだ感じになり、ソフトフォーカスのような効果が得られます。

[明瞭度]−100

③ ［補正ブラシツール］を利用して必要な部分だけをドラッグすると、部分的にパラメータの効果を加えられます。上がオリジナルで、下が花弁部分だけブラシをかけて［明両度］を下げたものです。まるでマクロ撮影で被写界深度を浅くしたように、シベの造形がいっそう際立ちました。

［補正ブラシツール］

輝度・カラーノイズを目立たなくする

↓

［ノイズ軽減］で
高感度撮影・夜間撮影のノイズを低減

高感度撮影や夜間撮影などで発生する輝度ノイズやカラーノイズは気になるものです。［ノイズ軽減］はこれらを効果的に除去して、きれいな画像に整えることができる機能です。その一方、被写体のディテールが甘くなってしまうことは避けられないので、複数のパラメータを調整して、ノイズの除去とディテール再現性のバランスを上手にとることが質の高い補正を行なうポイントです。

1 　［ノイズ軽減］は［ディテール］タブにあります❶。高感度撮影した写真は全体表示では気になりませんが、100%表示になるとノイズが見えてきます。プレビューを100%表示にして確認してみましょう❷。補正前後を比較しながら作業するとわかりやすいので、［補正前と補正後のビューを切り替え］で比較できるようにします❸。

2 　まずカラーノイズの補正です。本来被写体にはないはずの色が発生してしまうのがカラーノイズです。作例ではほとんど発生していませんが、プレビューをさらに300%に拡大表示して［カラー］スライダーを右に操作してみると、白い壁の部分の赤味が抑えられたことがわかります。

カラー	33
カラーのディテール	50

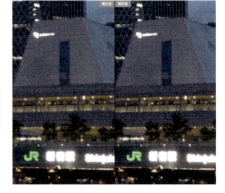

3 ［カラーのディテール］❶は、［カラー］補正
を加える色のしきい値を設定します。数値
を小さくすると色の差が小さいところまで補正する
ようになります。0にすると、通路部分の照明の色
が補正されていることがわかります。［色の滑らか
さ］❷では偽色の補正を行ないます。通常はどちら
も初期設定の50のままで構いません。

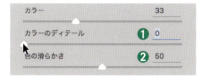

4 続いて輝度ノイズの補正です。［輝度］スラ
イダーを右に操作すると、ノイズが軽減され
て画像が滑らかになったことがわかります。

5 シャープさが失われてしまったので、［輝度
のディテール］❶でとり戻します。やりすぎ
るとノイズがまた目立ってきてしまうので、［輝度］と
［輝度のディテール］をバランスよく操作すること
が大切です。［輝度のコントラスト］❷は明るさの境
界部分のコントラストを強くします。通常は初期設
定のままで問題ないでしょう。

Part 1

Part 2

Part 3
Camera Rawフィルターでの調整

131

四隅の暗さを均等に明るくする

[周辺光量補正]で周辺光量落ちを補正

画像の四隅の明るさが中央部より暗くなってしまうことがあります。これはレンズの収差のひとつで「周辺光量落ち」といい、空などの均一の明るさのものを写した場合にとくに目立ちます。[周辺光量補正]はこれを均一な明るさに補正することができます。この機能を使って、視線を中心に導くように逆に周辺部を暗くする効果を加えることもできます。周辺光量落ちを起こしやすいトイカメラで撮ったようなレトロな色調を演出することもできます。

1 [周辺光量補正]は[レンズ補正]タブの最下部にあります。ウィンドウが小さくて隠れている場合は、右のスクロールバーを操作すると表示されます。

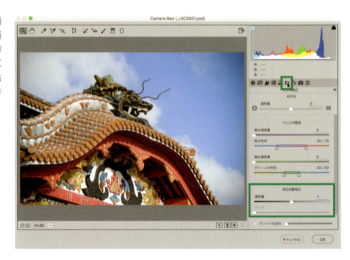

2 [適用量]のスライダーをプラス側に操作すると周辺部が明るくなり、周辺光量落ちが解消されます。

意図的に周辺光量を落とす

1 マイナス側に操作すると周辺部が暗くなります。昔のレンズは周辺光量落ちが大きかったので、古いレンズで撮ったようなイメージにする用途にも使えます。

2 [中心点]では、効果を加えない範囲の大きさを設定します。数値を小さくすると効果がおよぶ周辺範囲が広くなります。レンズによって周辺光量落ちの範囲は違うので、それに合うように調整します。

3 左は周辺光量落ちを補正した状態です。暗くなっていた四隅がきれいに補正されて青空の抜けがよくなっています。右は[適用量]を−100、[中心点]を0と極端に設定したものです。

エッジに発生する色のにじみをとる

[[フリンジ軽減]で紫・緑ごとに解消できる]

「フリンジ」とは明るい空と木の葉のような輝度差（明暗差）が大きな部分に発生する色のにじみのことです。被写体によって変わりますが、紫や緑のふちどりが発生します。画像のシャープネスを落としますので、その補正を行なうのが[フリンジ軽減]です。紫、緑のフリンジをそれぞれ単独で補正し、かなりの精度で除去することができます。ポスターなど大きく使用する画像では手を抜かずに補正しておきましょう。

1 ［フリンジ軽減］は［レンズ補正］タブにあります。［紫の適用量］、［緑の適用量］と色ごとに補正できるようになっているので、両方のフリンジが発生している場合でも対応可能です。

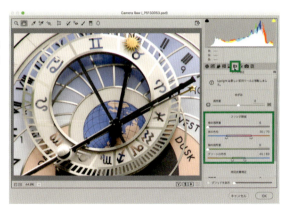

2 フリンジは拡大して確認するとわかります。200%表示のプレビューで確認すると、金属のパーツのエッジ部分に紫と緑の両方のフリンジが出ていることがわかります。

3 ［紫の適用量］をプラ
ス側に操作すると、紫
のフリンジが消えていきます。

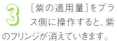

4 ［緑の適用量］をプラ
ス側に操作すると、緑
のフリンジも薄くなりました。

5 ［紫の色相］［グリーン
の色相］は対象とする
色の範囲を調整します。［グリー
ンの色相］を操作して範囲を広
げると、残っていた緑のフリンジ
も目立たなくなりました。［紫の
色相］も調整してより目立たな
くなるように補正します。

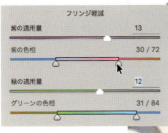

6 ［補正前と補正後
のビューを切り替
え］をクリックして比較でき
るようにすると、効果を把
握しやすくなります。

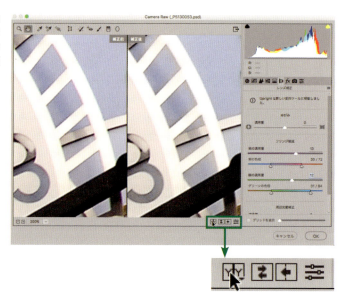

7 オリジナル（左）と［フリンジ］で補正したもの（右）を比較すると、補正後の画像のほうがシャープに見えるように
なりました。

Tip 50

シャープにして色をはっきりさせる

↓

[シャープ]で画像の色の違いをより鮮明に

[シャープ]は画像のシャープさを向上させる機能です。直接的ではありませんが、色の境界の明確さ・階調変化の緩急が変わることで色の見え方に影響を与えます。調整は4つのパラメータで行ないます。絵柄に応じてうまく設定を追い込んでいくことで、色をよりよく見せることができます。上手に設定すると若干のピンボケであれば解消して、ピントが合って見えるようにすることもできます。

1 [シャープ]は[ディテール]タブに用意されています。パラメータは[適用量][半径][ディテール][マスク]の4つです。なお、[シャープ]の調整時には効果が正しく確認できるように、プレビューの表示倍率を100%に設定して作業することが大切です。

2 [適用量]は効果の強さで、数値は0〜150で設定できます。0の場合は効果なしです。124まで上げると、石像の表面の凹凸がはっきりしてざらついた感じが出てきます。

シャープ	
適用量	124
半径	1.0
ディテール	25
マスク	0

3 ［半径］は、［ディテール］が適用される際のエッジ
の太さを設定します。通常は最小限の太さのエッジ
になるよう、1以下の小さめの数値に設定します。数値を上
げるとペンで輪郭を描いたような状態になり、面白い効果
が得られます。

シャープ	
適用量	124
半径	3.0
ディテール	25
マスク	0

4 ［ディテール］は、効果を与える階調差を設定しま
す。数値を大きくするとわずかな差にも効果を加
え、小さくすると階調変化が大きい箇所のみが対象になり
ます。滑らかなグラデーションに影響を与えたくない場合は
数値を小さくします。

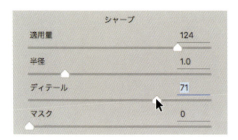

シャープ	
適用量	124
半径	1.0
ディテール	71
マスク	0

5 ［マスク］は、場所に応じて効果の強さを調整した
いときに設定します。0なら画像全体に均等に効
果がかかり、100なら最も強いエッジの周囲にだけかかりま
す。ここでは数値を上げると、石像でも階調差が小さい箇
所や背景の樹木の緑には効果がかからなくなり、滑らかな
ままになります。シャープをかけた結果ノイズが発生した場
合は、ここを調整してノイズが消える数値を探しましょう。

マスク	78

6 Option キーを押しながら[シャープ]の各パラメータのスライダーを操作すると、そのパラメータが影響を与える領域を視覚的に確認することができます。図は[ディテール]の場合です。白くなっているところが効果が加えられる範囲で、数値に応じて変化することがわかります。

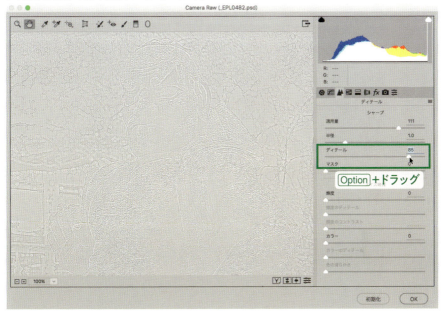

7 左がオリジナル、右が前ページの設定で[シャープ]を適用したものです。ぼやっとしていた写真の鮮明度がアップし、石像の質感も感じられるようになりました。

かすみの除去で写真を鮮明にする

[かすみの除去]でぼんやりした風景を鮮やかに再生

[かすみの除去]は鮮明さを妨げる、かすみや霧などの要素を除去することができる機能です。自然相手の風景撮影ではしかたがないことですが、いい景色でも天候のせいでシャキッとしない写真しか撮れないこともあります。それを彩度とコントラストを上げてハッキリとさせてくれる機能です。やりすぎると不自然に色が濃くてコントラストが強い画像になってしまうので注意が必要です。

1 晴天でも、かすみがかかって全体にぼんやりした印象の富士山をくっきりとさせたいところです。[かすみの除去]は[効果]タブの一番上に用意されています。

2 [適用量]のスライダーをプラス側に操作します。かすみが除去されて富士山がはっきり見えるようになりました。

[Point]

スライダーをマイナス側に操作するとかすみを増加させます。効果的に利用すると霧の中の写真のようにすることができます。

3 スライダーは±100の範囲で操作できますが、補正をかけすぎるとコントラストが強めで彩度の高い不自然な画像になってしまうので注意が必要です。

4 どうしても強めに補正したい場合は、補正後に［色相・彩度］調整レイヤーを使って全体の彩度を少し落としてみるといいでしょう。

5 オリジナル（上）と、［適用量］を強めの＋54にした後に［色相・彩度］で彩度を落としたもの（下）です。左ページの強めの補正のものは富士山がはっきり写っていますが青がどぎつくなってしまっています。補正後に彩度を落としたものは青色の不自然さが抑えられています。

色補正でよく使うショートカットキー一覧

ショートカットキーは初期設定のものです。カスタマイズも可能です（15ページの Point 参照）。

キー	説明
⌘＋Z	（直前の操作の）取り消し（アンドゥ）
⌘＋Option＋Z	［1段階戻る］で操作を遡って取り消し
⌘＋K	［環境設定］ダイアログボックスを表示
D	描画色と背景色を初期設定に戻す
X	［描画色と背景色を入れ替え］
Q	［クイックマスクモードで編集］と［画像描画モードで編集］の切り替え
B	［ブラシツール］を選択
⌘＋I	［階調の反転］でマスクの白黒を反転できる
⌘＋Shift＋I	［選択範囲を反転］
⌘＋D	［選択を解除］
⌘＋T	［自由変形］
⌘＋Shift＋A	［Camera Rawフィルター］を実行
⌘＋Option＋R	［選択とマスク］を実行
⌘＋Option＋G	［クリッピングマスクを作成］を実行
⌘＋0	［画面サイズに合わせる］で全体を表示
⌘＋1	［100％］で拡大して表示
⌘＋Spacebar	一時的にズームツールにして拡大／縮小できる
Spacebar	一時的に［手のひらツール］にして画面をドラッグして移動できる

レイヤーマスクサムネールを⌘＋クリック　選択範囲を呼び出し

レイヤーの境界をOption＋クリック　クリッピングマスクにする

ツールを選ぶショートカットキーは、同じツールグループ内のツールを切り替えるにはShiftキーを併用しますが、環境設定（⌘＋K）の［ツール］にある［ツールの変更にShiftキーを使用］のチェックを外せば、Shiftキーなしでグループ内のツールが切り替えられて便利です。

超時短Photoshop

藤島 健
Fujishima Takeshi
Photographer

作品作りの中で自分が持つイメージを実現するためのツールとして活用できるであろうと考えてPhotoshopを導入。銀塩写真が主流の頃からデジタルデータとしての写真を扱っている。コマーシャルやエディトリアルの撮影の他、スキー、サイクルロードレース、B.LEAGUE他、各種スポーツ撮影をライフワークとしながら、撮影以外にもPhotoshop関連やカラーマネージメントなど、写真に関係する書籍や記事の執筆なども行なっている。

[アートディレクション&デザイン]
藤井耕志(Re:D Co.)

[モデル]
久保亜沙香

[編集]
和田 規

ちょうじたん　フォトショップ
超時短Photoshop
しゃしん　　　いろほせい
「写真の色補正」
そっこう
速攻アップ!

2017年11月27日　　初版　第1刷発行

[著　者]　藤島 健
[発行者]　片岡 巌
[発行所]　株式会社技術評論社
東京都新宿区市谷左内町21-13
電話 03-3513-6150　販売促進部
　　　03-3267-2272　書籍編集部
[印刷／製本]　図書印刷株式会社

ISBN978-4-7741-9399-1　C3055
Printed in Japan

お問い合わせに関しまして

本書に関するご質問については、下記の宛先にFAXもしくは弊社Webサイトから、必ず該当ページを明記のうえお送りください。電話によるご質問および本書の内容と関係のないご質問につきましては、お答えできかねます。あらかじめ以上のことをご了承の上、お問い合わせください。なお、ご質問の際に記載いただいた個人情報は質問の返答以外の目的には使用いたしません。また、質問の返答後は速やかに削除させていただきます。

宛先:〒162-0846
東京都新宿区市谷左内町21-13
株式会社技術評論社　書籍編集部
『超時短Photoshop
「写真の色補正」速攻アップ!』係
FAX:03-3267-2269
技術評論社Webサイト
http://gihyo.jp/book/